窄带物联网

NB-IoT 原理、架构及应用

高泽华　郑智民　蒋　维◎编著

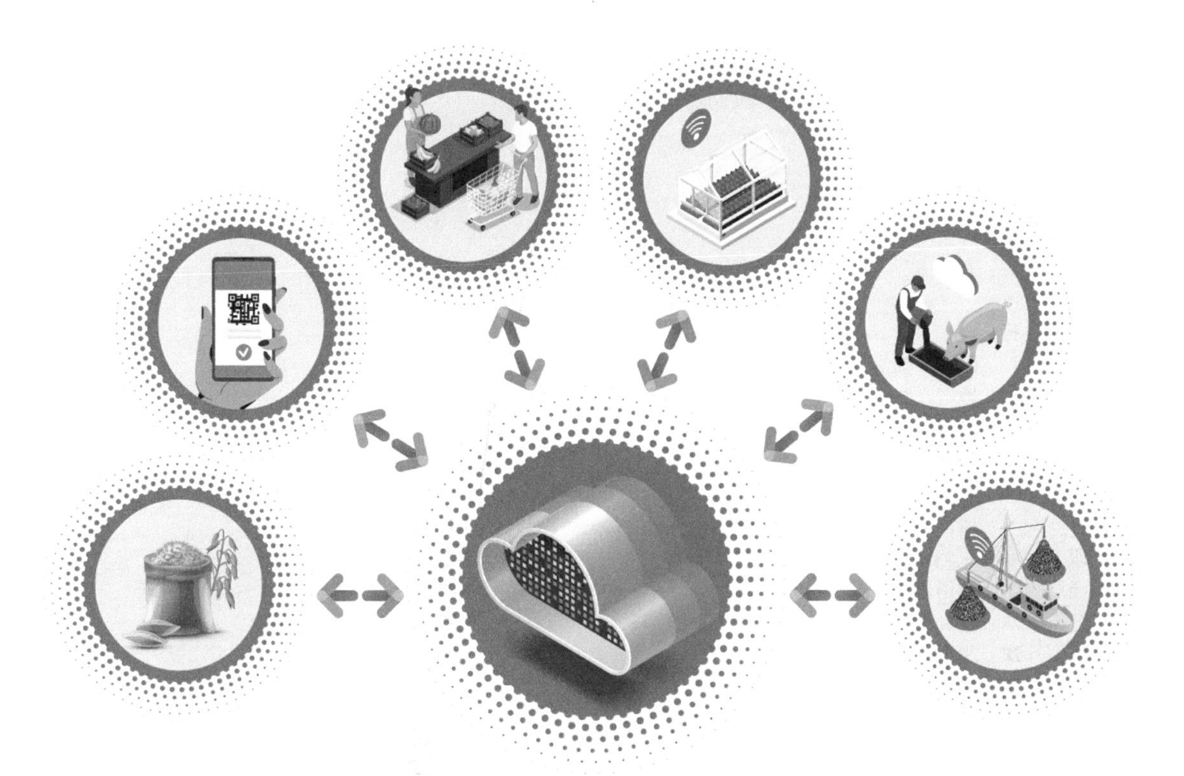

清華大学出版社
北　京

内 容 简 介

支持下一代人机泛在智联的低功耗窄带物联网近些年得到了突飞猛进的发展，面向低功耗窄带的物联网应用窗口已经开启。本书从低功耗窄带物联网应用的角度出发，首先阐述窄带物联网的基本概念、关键技术、体系架构、标准化体系、流程和数据传输，然后着重介绍基于低功耗窄带物联网的典型应用，特别是在体域网中的应用，力争从科学前沿的高度，对低功耗窄带物联网未来应用和发展前景有一个全面科学的把握，提高利用低功耗窄带物联网解决实际问题的能力。本书可作为高等院校“低功耗窄带物联网”课程的教材参考资料，也可供从事低功耗窄带物联网系统学习与应用的工程技术人员自学与参考。

图书在版编目(CIP)数据

窄带物联网：NB-IoT 原理、架构及应用/高泽华，郑智民，蒋维编著. —北京：清华大学出版社，2023.6(2024.3重印)
ISBN 978-7-302-63214-6

Ⅰ. ①窄… Ⅱ. ①高… ②郑… ③蒋… Ⅲ. ①物联网 Ⅳ. ①TP393.4 ②TP18

中国国家版本馆 CIP 数据核字(2023)第 052453 号

责任编辑：崔 彤
封面设计：刘 乾
责任校对：韩天竹
责任印制：刘海龙

出版发行：清华大学出版社
网　　址：https://www.tup.com.cn，https://www.wqxuetang.com
地　　址：北京清华大学学研大厦 A 座　　**邮　　编**：100084
社 总 机：010-83470000　　**邮　　购**：010-62786544
投稿与读者服务：010-62776969，c-service@tup.tsinghua.edu.cn
质量反馈：010-62772015，zhiliang@tup.tsinghua.edu.cn
课件下载：https://www.tup.com.cn，010-83470236
印 装 者：三河市龙大印装有限公司
经　　销：全国新华书店
开　　本：186mm×240mm　　**印　张**：7.25　　**字　　数**：116 千字
版　　次：2023 年 7 月第 1 版　　**印　　次**：2024 年 3 月第 2 次印刷
印　　数：1501～2300
定　　价：49.00 元

产品编号：096514-01

前言

随着可穿戴设备、车联网、智能手表等新兴市场的开启，工业 4.0、智慧城市、智慧农业等理念进入现实，万物互联的时代正加速到来，物联网（IoT）未来的发展空间巨大。未来海量的连接大部分与物联网有关，物联网的核心是将物连到网络上，是一个综合技术系统，通过融合区块链、人工智能、数字孪生、可穿戴设备、增强现实（AR）等技术实现元宇宙。物联网是元宇宙的底层支撑技术，为元宇宙提供数据采集及反馈控制设施，同时通过机器人、自动驾驶、无人机、3D 打印等技术让元宇宙与现实世界紧密结合。

低功耗广覆盖的窄带物联网（Narrow Band Internet of Things，NB-IoT）也称低功耗广域网（Low Power Wide Area Network，LPWAN），是在全球范围内广泛应用的物联网领域新兴技术，支持低功耗设备在广域网的蜂窝数据连接，是未来物联网一个重要的发展方向，它具有覆盖广、连接多、速率低、成本低、功耗低、架构优等特点。

窄带物联网技术是一种由 3GPP 标准定义的基于蜂窝网络的低功耗广域网解决方案，窄带物联网协议栈基于 LTE 设计，根据物联网需求，去掉不必要的功能，减少了协议栈处理流程的开销。窄带物联网使用授权频段，可采取带内、保护带或独立载波三种部署方式，与现有网络共存。

本书详细介绍了多输入多输出（MIMO）技术、自适应技术、多载波聚合传输技术、物理层技术等窄带物联网的关键技术，以及窄带物联网的体系架构（感知层、网络层、应用层），窄带物联网中的流程、窄带物联网数据传输等。

窄带物联网技术支持海量连接，有深度覆盖能力，功耗低，非常适合传感、计量、监控等物联网应用，适用于智能抄表、资产跟踪、智慧井盖、智慧建筑、智慧路灯、智慧用电、智能停车、车辆跟踪、物流监控、智慧农林牧渔业及智能穿戴、智慧家庭、智慧社区等领域，特别是支持下一代人机泛在智联时代的无线体域网（Wireless Body Area Network，WBAN）。无线体域网作为特殊的物联网，承担着个人数据与核心网络交互的重要任务，它以人体为中心，由人体体表和体内的传感器节点、基

前言

站和远程服务器等共同组成无线网络。

本书具有如下特点。

(1) 入门要求低：本书介绍了窄带物联网最基本的知识，读者只需要有一定的通信及网络知识即可。

(2) 完整性：本书内容完整，涉及面广，内容涵盖关键技术、体系架构、关键流程、数据传输及窄带物联网应用等，使读者可以全面、深刻地领会窄带物联网技术。

(3) 概括性：本书每章的标题及第一段都是对该章内容的高度概括，对其内容解释尽可能做到准确、翔实。

(4) 实用性：本书紧密结合应用，对具体的窄带物联网应用场景特别是体域网做了较详细的介绍。

本书由高泽华、郑智民、蒋维编著。高泽华主要负责编写第1～5章和第7章，郑智民主要负责编写第5～6章，蒋维主要负责编写第1章和第3章。全书由高泽华统稿。同时，在本书编写过程中，赵惜茹、程超月、许建军、胡凯达、刘正望、戴波涛、朱常青、胡轶韬、钱习琴等协助完成了全书资料收集和整理，并完成部分内容的编写，对他们的辛勤劳动表示感谢。

另外，本书在编写过程中，得到北京邮电大学、中国移动集团研究院领导及同事的支持和帮助，他们对本书内容的取舍、主次安排均提出了很好的意见，在此表示衷心的感谢。在书稿撰写整理过程中，清华大学出版社盛东亮和崔彤老师为书稿的内容提出了大量有益建议，在此表示特别的感谢。

由于编者水平有限，加之编写时间仓促，书中不足之处在所难免，敬请读者批评指正。

编者于北京邮电大学

2023年7月

目录

目录

目录

目录

第1章 窄带物联网概述

窄带物联网(Narrow Band Internet of Things,NB-IoT)是物联网领域的新兴技术,支持低功耗设备在广域网的蜂窝数据连接,也叫低功耗广域网(Low Power Wide Area Network,LPWAN)。它给未来物联网提供了一个重要的发展方向,即使用窄带物联网来连接工作时间长、对网络有高效连接要求的设备,实现这些设备间的数据连接与传输。

窄带物联网依旧以现有的蜂窝网络为构建基础,使用的带宽约为180kHz,可以不必花费高昂的成本就可以完成在GSM网络、UMTS网络和LTE网络上的直接部署,实现网络的平滑升级。

1.1 窄带物联网的起源与发展

物联网中使用的无线通信技术分为两类:一类是短距离通信技术,如NFC、RFID、ZigBee、WiFi、Bluetooth等;另一类是低功耗广域网通信技术LPWAN。LPWAN分为两类:一类工作于无须授权频谱下,如LoRa;另一类工作于授权频谱下。3GPP(3rd Generation Partnership Project)支持的2G/3G/4G蜂窝通信技术,如窄带物联网,具有低功耗、广覆盖、低速率、低成本等特点,是适合大量物联网应用场景的无线连接技术。

物联网设备分为三类:①固定终端设备,如监控摄像头,特点是大数据量(特别是上行)、宽带宽;②强移动终端设备,如车队追踪设备，特点是需频繁切换连接，小数据量；③弱移动终端设备，如温度监测、污染检测、智能抄表，特点是小数据量，对时延不敏感。窄带物联网迎合第③类物联网设备而生。

2013 年，华为公司与相关业内厂商、运营商展开窄带蜂窝物联网研究，并为此技术起名为 LTE-M(LTE for Machine to Machine)。在 LTE-M 的技术方案上有两种选择：一种是基于 GSM 演进(e MTC)，另一种是华为公司提出的新空口技术 NB-M2M。

2014 年，由沃达丰、中国移动、法国电信运营商 Orange、意大利电信、华为公司、诺基亚等支持的 SI Cellular System Support for Ultra Low Complexity and Low Throughput Internet of Things 在 3GPP GERAN 工作组立项，LTE-M 演变为 Cellular IoT，简称 CIoT。

2015 年 4 月，PCG(Project Coordination Group)会议决定：CIoT 在 GERAN 做完 SI 之后，WI 阶段要到 RAN 立项并完成相关协议。2015 年 5 月，华为公司和高通公司宣布了一种融合的解决方案，上行采用 FDMA 多址方式，下行采用 OFDM 多址方式，命名为 NB-CIoT(Narrow Band Cellular IoT)。

2015 年 8 月 10 日，在 GERAN SI 阶段最后一次会议上，爱立信联合几家公司提出了 NB-LTE(Narrow Band LTE)。

2015 年 9 月，3GPP 在 RAN 全会达成一致，NB-CIoT 和 NB-LTE 两个技术方案进行融合形成 NB-IoT WID。NB-CIoT 演进到 NB-IoT，确立 NB-IoT 为窄带蜂窝物联网的唯一标准。

2016 年 4 月，NB-IoT 物理层标准在 3GPP R13 冻结。

2016 年 6 月 16 日，NB-IoT 作为 3GPP R13 的一项重要课题，对应的 3GPP 协议相关内容获得了 RAN 全会批准，宣告 NB-IoT 标准核心协议全部完成。

从 NB-IoT 3GPP 标准正式推出，到发起 NB-IoT Open Lab 计划，再到第一颗 NB-IoT 专用芯片的问世，2016 年被认为是 NB-IoT 的商用元年。

1.2 窄带物联网的概念

窄带物联网技术是一种由 3GPP 标准定义的低功耗广域网解决方案。窄带物联网协议栈基于 LTE 设计，根据物联网需求，去掉不必要的功能，减少了协议栈处理流程的开销。因此,从协议栈的角度看,窄带物联网是新的空口协议。

长距离通信技术是一种革新性的技术,是由华为公司主导,由3GPP定义的基于蜂窝网络的窄带物联网技术。它支持海量连接,有深度覆盖能力,功耗低,非常适合传感、计量、监控等物联网应用,适用于智能抄表、智能停车、车辆跟踪、物流监控、智慧农林牧渔业及智能穿戴、智慧家庭、智慧社区等领域。这些领域对广覆盖、低功耗、低成本的需求非常明确。

1.3 窄带物联网的标准特性

1.3.1 灵活部署、窄带、低速率、低成本、高容量

窄带物联网支持三种部署方式:独立部署(Stand alone)、保护带部署(Guard band)、带内部署(In band)。独立部署模式:可以利用单独的频带,适合用于GSM频段的重耕。保护带部署模式:可以利用LTE系统中的边缘无用频带。带内部署模式:可以利用LTE载波中间的任何资源块。对于带内部署模式来说,窄带物联网无限接近于LTE资源块,为了避免干扰,3GPP要求窄带物联网信号的功率谱密度与LTE信号的功率谱密度不得超过6dB。

1.3.2 覆盖增强、低时延敏感

根据TR45.820的仿真数据,可以确定在独立部署方式下,窄带物联网覆盖能力可达164dB。窄带物联网为实现覆盖增强采用了重传(可达200次)和低阶调制等机制。

同时在耦合耗损达164dB的环境下,数据重传将导致时延增加。3GPP IoT允许时延约为10s,实际可以支持更低时延,在6s左右(最大耦合耗损环境)。

1.3.3 不支持连接态的移动性管理

窄带物联网最初设计为适用于弱移动性的应用场景(如温度检测、智能抄表、智能停车),同时也可简化终端的复杂度,降低终端功耗,Rel-13中窄带物联网不支持连接态的移动性管理,包括相关测量、测量报告、切换等。

1.3.4 低功耗

窄带物联网通过节电模式(Power Saving Mode,PSM)和超长非连续接收(Enhanced Discontinuous Reception,eDRX)可实现长时间待机。其中,PSM是Rel-12中增加的功能,在此模式下,终端仍旧注册在网但信令不可达,从而使终端更长时间驻留在深睡眠以达到省电的目的。eDRX是Rel-13中增加的功能,进一步延长终端在空闲模式下的睡眠周期,减少接收单元不必要的启动,相对于PSM提升了下行可达性。窄带物联网主要为低速率、低频次业务等应用场景设计,功耗低,使用寿命长。

1.4 窄带物联网的现状分析

窄带物联网有以下特点。

(1) 广覆盖,在同样的频段下,窄带物联网比现有的网络增益大20dB,覆盖面积扩大。

(2) 支持海量连接,窄带物联网一个扇区能够支持10万个连接,支持低延时敏感度、低设备功耗和优化的网络架构。

(3) 低功耗,窄带物联网终端模块支持长达10年的待机时间。

(4) 低成本,单个接连模块低于30元。

窄带物联网聚焦低功耗、广覆盖的物联网市场,是在全球范围内广泛应用的新兴技术。它具有覆盖广、连接多、速率低、成本低、功耗低、架构优等特点。窄带物联网使用授权频段,可采取带内、保护带或独立载波三种部署方式,与现有网络共存。

窄带物联网可以直接应用于多种垂直行业,如远程抄表、资产跟踪、智能停车、智慧农业等。窄带物联网应用场景广泛,参与方多,会出现大量协同方面的问题,需要开放的平台来推动加速产业。

窄带物联网也有一定的局限性,如单小区可支持10万个窄带物联网的终端接入,是纯中心的网络管理方式,可能会造成过长的轮询周期,像物联网这种高密度网络不一定适合采用中心管理模式,轮询一遍的时间令系统难以承受,可采用分层模式提升效率。

无线抄表始终都会面临的一个问题就是信号覆盖问题。面对无信号覆盖或者信号受干扰的情况,无线抄表就会遇到问题。目前中国国家电网已经基本完成了有线智能电表的改造,采用的是电力线载波通信(Power Line Communication,PLC)技术。水表和气表市场也面临着国网PLC和双模技术的竞争。国家电网也在积极推进电、水、热、气四表合一,窄带物联网与有线传输存在竞争,除非找到特别的应用场景才能发挥出其优势。

窄带物联网目前规模化应用少、成本高、商业模式有待创新,应用还处于试验和示范性探索阶段,由于它还没形成规模化效应,导致其模组成本较高,成本价格也成为窄带物联网发展的阻碍。随着技术成熟及规模化应用,窄带物联网芯片、模组成本有望进一步降低。现阶段主要是运营商、设备制造商、芯片供应商等供给侧比较积极,需求侧还需要应用场景及商务模式推进。

在交付能力方面,目前窄带物联网行业的应用开发商多且散,市场上缺乏完整的保证机制,各个厂家或各细分行业交付能力参差不齐,还需构建相应的标准和要求。技术上的标准化互通等问题有待进一步解决。

面向公众的窄带物联网的应用平台仍需大力发展。已有的各类应用平台的同质化问题较为严重,提供的功能普遍聚焦设备管理、连接、应用使能和数据分析等。目前规模化的窄带物联网应用主要是一些抄表类的应用,而未来市场将是一个长尾市场,面向普通用户提供各类个性化应用是一个创新方向。

1.5 窄带物联网的发展意义

人与人之间的通信规模已趋于稳定,物与物的通信刚刚进入增长快车道。随着可穿戴、车联网、智能手表等新兴市场的开启,工业4.0、智慧城市、智慧农业等理念进入现实,万物互联的时代正加速到来,物联网未来的发展空间巨大。未来海量的连接大部分与物联网有关,物联网也是元宇宙的底层支撑技术,为元宇宙感知外部资源提供技术保障。

物联网对连接的要求与传统蜂窝网络有着很大不同,由通信运营商推动的窄带物联网新兴技术拥有众多优点,极具商用潜力。

第2章 窄带物联网的关键技术

窄带物联网技术是万物互联网络的一个重要方向,它基于蜂窝网络、移动通信网络建设而成,其应用关键技术包括传感器技术、单片机技术、移动通信技术,还包括多输入多输出技术、自适应技术和多载波聚合传输技术。

2.1 多输入多输出技术

MIMO 指多输入多输出(Multiple Input Multiple Output),是指用多个天线在同一频道内同时发送或接收多个独立的数据流,通过这种机制,用户可以获得更高的传输速率和更远的传输距离。MIMO 是 IEEE 802.11n 标准的核心技术。

2.1.1 MIMO 技术分类

MIMO 利用发射端的多个天线各自独立发送信号,同时在接收端用多个天线接收并恢复原信息,就可以实现以更小的代价达到更高的传输速率。图 2-1 是 MIMO 系统原理图,发射端通过空时映射将要发送的数据信号映射到多根天线上发送出去,接收端将各根天线接收到的信号进行空时译码从而恢复出发射端发送的数据信号。根据空时映射方法的不同,MIMO 技术大致可以分为空间分集和空间复用。

空间分集也称天线分集,采用多副接收天线来接收信号,然后进行合并。为保证接收信号的不相关性,就要求天线之间的

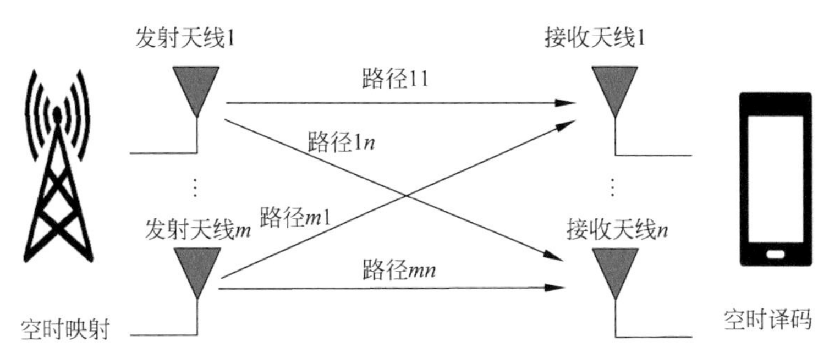

图 2-1　MIMO 系统原理图

距离足够大,这样做的目的是保证接收到的多径信号的衰落特性不同。在理想情况下,接收天线之间的距离只有波长的一半。天线是移动通信中的重要组成部分,位于收发信机和电磁波传播空间之间,并在这两者间实现有效的能量传递。通过设计天线的辐射特性,可以控制电磁能的空间分布,提高资源利用率,优化网络质量。由于恶劣的传播环境,无线信号会产生深度衰落和多普勒频移等,使接收电平下降到热噪声电平附近,相位亦随时间产生随机变化,从而导致通信质量下降。对此,可以采用分集接收技术减轻衰落的影响,获得分集增益,提高接收灵敏度。分集天线有空间分集、方向分集、极化分集等,在移动通信中通常采用空间分集。在发射端采用一副天线发射,接收端采用多副天线接收,收发天线数不一定相同。接收端天线之间的距离大于半波长,以保证接收天线输出信号的衰落特性是相互独立的,当一副接收天线的输出信号很低时,其他接收天线的输出则不一定在这同一时刻也出现幅度低的现象,经相应的合并电路从中选出信号幅度较大、信噪比最佳的一路,得到一个总的接收天线输出信号。这样就降低了信道衰落的影响,改善了传输的可靠性。空间分集技术在频分多址(FDMA)、时分多址(TDMA)及码分多址(CDMA)中都有应用。在一个具有 m 根发射天线和 n 根接收天线的系统中,如果天线对之间的路径增益是独立均匀分布的瑞利衰落,可以获得的最大分集增益为 mn。在 MIMO 系统中常用的空间分集技术主要有空时分组码(Space-Time Block Code,STBC)和波束成形技术。STBC 是基于发送分集的一种重要编码形式。

空间复用是指在接收端和发射端使用多副天线,充分利用空间传播中的多径分量,在同一频带上使用多个数据通道(MIMO 子信道)发射信号,从而使得容量随着天线数量的增加而线性增加。这种信道容量的增加不需要占用额外的带宽,也不需要消耗额外的发射功率，是提高信道和系统容量的一种非常有效的手段。MIMO 天线配置能够在不增加带宽的条件下，相比单输入单输出 SISO 系统成倍地提升信息传输速率，从而提高频谱利用率。在发射端，高速率的数据流被分割为多个较低速率的子数据流，不同的子数据流在不同的发射天线上在相同频段上发射出去，实现在时域和频域之外额外提供空域的维度，在不同发射天线上传送的信号之间能够相互区别，因此接收机能够区分出这些并行的子数据流，而不需额外的频率或者时间资源。空间复用技术在高信噪比条件下能够提高信道容量，并且能够在发射端无法获得信道信息的条件下使用。

2.1.2 MIMO 技术应用

1）无线宽带移动通信

为了提高系统容量，无线宽带移动通信系统可采用 MIMO 技术，基站和移动台之间形成 MIMO 通信链路。应用 MIMO 技术的无线宽带移动通信系统从基站端的多天线放置方法上分主要分为两大类：一类是集中式 MIMO，多个基站天线集中排列形成天线阵列，放置于覆盖小区；另一类是分布式 MIMO，基站的多个天线分散放置在覆盖小区。

2）传统蜂窝移动通信系统

MIMO 技术可以应用于传统蜂窝移动通信系统，将基站的单天线换为多个天线构成的天线阵列。基站通过天线阵列与小区内多个天线的移动终端进行 MIMO 通信。传统的分布式天线系统可以克服大尺度衰落和阴影衰落造成的信道路径损耗，能够在小区内形成良好的系统覆盖，解决小区内的通信死角，提高通信服务质量，传统的分布式天线系统与 MIMO 技术相结合可以提高系统容量。

在采用分布式 MIMO 的分布式无线通信系统 DWCS 系统中，分散在小区内的多个天线和基站连接。具有多天线的移动台和分散在附近的基站天线进行通信，与基站建立 MIMO 通信链路。这样的系统结构不仅具备传统的分布式天线系统的优势，减少了路径损耗，克服了阴影效应，同时还通过 MIMO 技术提高了信道容量。与集中式 MIMO 相比，DWCS 的基站天线之间距离较远，不同天线与移动台之间形成的信道衰落可以看作完全不相关，信道容量更大。分布式 MIMO 系统的信道容量大，系统功耗小，系统覆盖性能好，系统具有更好的扩展性和灵活性。

3）无线通信领域

MIMO技术是无线通信领域的关键技术之一，越来越多地应用于各种无线通信系统。在无线宽带移动通信系统方面，第3代移动通信合作计划(3GPP)在标准中加入了MIMO技术相关的内容，B3G和4G的系统中也应用MIMO技术。在无线宽带接入系统中，IEEE 802.16e、IEEE 802.11n和IEEE 802.20等标准也采用MIMO技术。其他无线通信系统，如超宽带(UWB)系统、感知无线电系统(CR)，都在使用MIMO技术。

随着使用天线数目的增加，MIMO技术实现的复杂度大幅度提升，要充分发挥MIMO技术的优势，在保证一定的系统性能的基础上降低MIMO技术的算法复杂度和实现复杂度，也是MIMO技术研究的重点。

2.1.3 MIMO在窄带物联网中的应用

窄带物联网可以利用多天线技术抑制信道传输衰落，获得分集增益、空间复用增益和阵列增益，在发送端和接收端均采用多天线实现信号同时发送和接收，形成并行的多空间信道，充分利用空间信道传输资源，在不增加系统带宽和天线发射总功率的条件下提供空间分集增益，在多径衰落信道中提高传输的可靠性，实现信息的多输入多输出。窄带物联网的多输入多输出技术采用预编码、波束成型技术确保一个或多个指定方向上的能量形成一个阵列增益，允许在不同方向上的多个用户同时获得通信连接，MIMO可以突破传统的单输入单输出信道容量存在的瓶颈问题，充分利用空间信道的弱相关性形成空间复用增益，在多个相互独立的空间信道上传递不同类型的数据流，不需要增加物理带宽，就可以成倍地增大窄带物联网的容量。

2.2 自适应技术

自适应技术是指在处理和分析过程中，根据处理数据的数据特征自动调整处理方法、处理顺序、处理参数、边界条件或约束条件，使其与所处理数据的统计分布特征、结构特征相适应，以取得最佳的处理效果的过程。自适应过程是一个不断逼近目标的过程，它遵循的数学模型为自适应算法。

自适应通信(adaptive communication)是指具有自动适应通信条件变化能力的无线电通信。主要的自适应通信技术有:实时自动选频、通信频率自动跳变、自适应调零天线阵、自动功率控制、自动时延均衡等,主要用于增强无线通信的稳定性、保密性和抗干扰能力。随着互联网的发展、未来元宇宙的新应用需求及对各种类型无线业务需求的爆炸式增长,移动通信系统需要提供更高的用户容量,支持具有更大数据速率和 QoS 的不同种类的业务。宽带移动无线通信系统支持的业务包括以话音实时业务、短消息、E-mail、传真非实时业务等为代表的低速率业务,以文件传输、Internet 接入、基于分组和电路的高速网络接入、高质量视频会议等为代表的中、高速率业务,以及用于支持高速率交互应用的面向元宇宙的实时多媒体业务。未来的无线移动通信系统是能与业务自适应匹配的智能系统。

由于路径损耗、阴影效应、多径衰落和用户与周围物体的移动等因素,接收到的无线电信号随着变化的信道而起伏。为了适应无线移动信道的时变特性,在信道质量较差的条件下仍能高效、可靠地实现信息的传递,在不具有自适应能力的移动通信系统的设计中留有固定的链路冗余。由于这些系统是针对最恶劣或平均信道条件而设计的,没有充分利用无线移动信道的容量。无线移动通信的发展趋势是提供更高速率的业务以应对未来元宇宙的各种需求。鉴于快速增长的移动通信需求以及有限的频谱资源和尽可能低的功耗要求,在未来的无线通信中频谱效率高的通信技术是必要的。在慢时变的无线环境下,提高频谱效率的方案之一是实时地根据信道状态调整发射功率、符号传输速率、星座图、编码速率与方案,以及上述参数的任意组合,实现通信系统与时变的无线信道的实时匹配,从而更有效地利用信道容量。这就是自适应信息传输系统的基本思想。无线通信系统体系结构和算法的适应性是实现有效无线通信的关键。为了在无线网络中有效、可靠地传输信息,需要终端设备、基站、网络具有自适应能力。

自适应通信类型包括频率自适应、跳频自适应、速率自适应、方向自适应。

(1) 频率自适应技术是指在高频通信的天波传播过程中,在电离层的变化过程中寻求最佳高频通信频率,不仅要考虑传播可靠度,还要考虑噪声和干扰,综合各种因素来选择通信频率,根据监测评估传播情况自动选频、换频,目的是提高高频通信的传输可靠度,有效开发频率资源,提升传输信息的质量。

(2) 跳频自适应技术是建立在自动信道质量分析基础上的频率自适应和功率

自适应控制相结合的技术，通过跳频自动避开被干扰的频点，并以最小的发射功率、最低的被截获概率，达到在无干扰的跳频信道上长时间保持优质通信的目的，在不增加发射功率的情况下，利用干扰躲避来提高系统的抗干扰能力。

(3) 速率自适应指在通信系统中，根据信道实时状态，改变发送数据速率来提高系统传输性能。速率自适应的速率选择算法需要及时获取信道状态，根据不同的信道环境，配置不同的传输速率是提高网络吞吐量的有效手段。

(4) 方向自适应可以检测到环境中噪声最多的地方，从而衰减特定方向的噪声，根据环境中噪声频率和位置自动切换至不同方向。

窄带物联网通过采用自适应技术保证通信质量达到最优，根据信道的传输环境的变化，适时地改变发送、接收参数。目前常用的自适应技术包括自适应资源分配技术、自适应编码调制技术、自适应功率控制技术和自适应重传技术。窄带物联网采用自适应技术，可以利用自适应理论和技术，提供自适应系统技术，实时地感知人为、自然噪声和频率干扰，实时分析信道的通信特性，识别干扰等级，动态地优化窄带物联网。

窄带物联网有连接态、空闲态和节能模式三种工作状态，根据不同的配置参数在三种状态间进行切换。在对窄带物联网使用和相关程序的设计时，需要根据产品应用的需求与产品特性对这三种工作状态进行定制。

2.3 多载波聚合传输技术

载波聚合(Carrier Aggregation，CA)是指 LTE-A 系统使用的频带由 2～5 个 LTE 载波单元(Component Carrier，CC)聚合形成的符合 LTE-A 相关技术规范的频带宽度，最大可以达到 100MHz。LTE-A 移动台在使用多个载波单元进行数据收发的同时，为了满足系统的后向兼容性，根据 LTE-A 系统的有关配置，LTE 移动台可以在其中的某一个载波单元上收发信息。载波聚合在满足一定前提条件下，把零碎的 LTE 频段合成一个“虚拟”的更宽的频段，以提高数据速率。

为了提供更高的业务速率，3GPP 在 Release 10(TR 36.913)阶段引入了载波聚合，将多个载波聚合成更大的带宽以满足业务需求。载波聚合可以提高离散频谱的利用率。根据聚合载波所在的频带，载波聚合可以分为频带内载波聚合和频带间载波聚合。

频带内载波聚合分为两种，一种是连续载波聚合，另一种是非连续载波聚合，它们都使用同一频带下的两个聚合的载波来完成用户的下行数据传输。

频带间载波聚合使用不同频带下的两个聚合的载波完成用户的下行数据传输。

载波聚合的优点是可提高峰值速率，将能使用的所有载波/信道绑在一起，用尽可能大的带宽达到更高的峰值速率，为运营商在已有的不同带宽的系统中，提供一个统一的更高峰值速率的解决方案，在宏站中部署微站时，提高管理频率资源的灵活性。

窄带物联网采用了多载波聚合的正交频分复用技术，将信道划分为多个正交的信道，能够将一个高速数据流分解成并行的多个低速子数据流，然后将这些数据调制到信道上，实现信息传输。正交信号在接收端实现分离，避免各个信道之间的相互干扰，由于信道相关带宽大于子信道的信号传输带宽，每个子信道都可以作为平坦性衰落，消除了各个符号之间的干扰。窄带物联网采用多载波聚合传输技术，不仅可实现高速率数据传输，也可以解决频率不足等问题。

2.4 窄带物联网上行物理层技术

窄带物联网上行信道包含两个物理信道，一个是窄带物理上行共享信道(NPUSCH)，另一个是窄带物理随机接入信道(NPRACH)，如图 2-2 所示。NPRACH 的控制信息可以通过 NPUSCH 复用传输，因此 NPUSCH 不仅承载上行数据业务，同时也肩负了类似 LTE 中 PUCCH 承载一些上行反馈信息的功能。由于没有上行资源调度的概念，同时为了简化帧结构，作为全频段信道估计用的 Sounding Reference Signal(SRS)也被省略掉了，上行物理信号只保留了窄带解调参考信号，这样不仅简化了物理层流程，同时也将有限的带宽资源尽可能预留给了数据传输。

窄带物联网上行传输有两种模式，一种是 single-tone，另一种是 multi-tone。对于 single-tone 传输模式，可以有两种子载波间隔 3.75kHz 和 15kHz，资源块在这里并没有被定义，不以资源块作为基本调度单位。如果子载波间隔是 15kHz，那

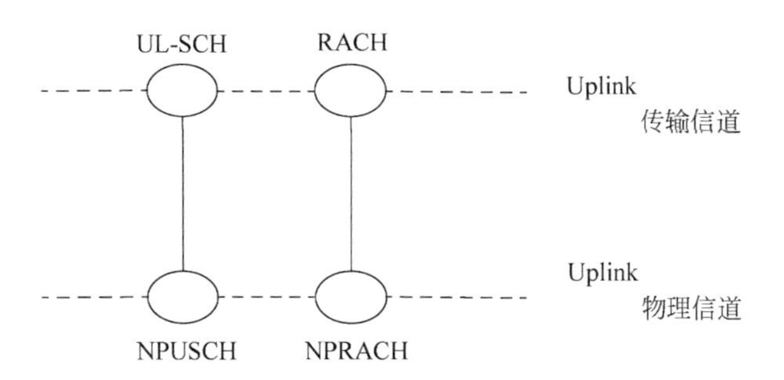

图 2-2　窄带物联网上行信道

么上行包含连续 12 个子载波，如果子载波间隔是 3.75kHz，那么上行包含连续 48 个子载波。对于通过 OFDM 调制的数据信道，如果在同样的带宽下，子载波间隔越小，相干带宽越大，那么数据传输抗多径干扰的效果越好，数据传输的效率越高。同时考虑与周围 LTE 大网的频带兼容性，选取更小的子载波也需要考虑与 15kHz 的兼容性。当上行采取 single-tone 3.75kHz 模式传输数据时，物理层帧结构最小单位为基本时长 2ms 时隙，该时隙与 FDD LTE 子帧保持对齐。每个时隙包含 7 个 OFDM 符号，每个符号包含 8448 个 T_s（时域采样），其中这 8448 个 T_s 含有 $256T_s$ 个循环校验前缀（IFFT 的计算点数是 $8448-256=8192$ 个，是 2048（15kHz）的 4 倍），剩下的时域长度（$2304T_s$）作为保护带宽。single-tone 和 multi-tone 的 15kHz 模式与 FDD LTE 的帧结构是保持一致的，最小单位是时长为 0.5ms 的时隙。而区别在于窄带物联网没有调度资源块，single-tone 以 12 个连续子载波进行传输，multi-tone 可以分别按照 3、6、12 个连续子载波分组进行数据传输。

窄带物联网的上行共享物理信道 NPUSCH 的资源单位是用时频资源组合进行调度的，调度的基本单位称作资源单位（Resource Unit）。NPUSCH 有两种传输格式，两种传输格式对应的资源单位不同，传输的内容也不同，如表 2-1 所示。NPUSCH 格式 1 用来承载上行共享传输信道 UL-SCH，传输用户数据或者信令，UL-SCH 传输块可以通过一个或者几个物理资源单位进行调度发送。所占资源单位包含 single-tone 和 multi-tone 两种格式。其中 single-tone 3.75kHz 32ms，15kHz 8ms；multi-tone 15kHz 3 子载波 4ms，6 子载波 2ms，12 子载波 1ms。NPUSCH 格式 2 用来承载上行控制信息（物理层），ACK/NAK 应答，根据 3.75kHz 8ms 或者 15kHz 2ms 分别进行调度发送。

表 2-1　NPUSCH 传输格式

NPUSCH 格式	子载波间隔	频域子载波数	时域 time-slot 数量	时域持续时间	time-slot 长度
1	3.75kHz	1	16	32ms	2ms
	15kHz	1	16	8ms	0.5ms
		3	8	4ms	0.5ms
		6	4	2ms	0.5ms
		12	2	1ms	0.5ms
2	3.75kHz	1	4	8ms	2ms
	15kHz	1	4	2ms	0.5ms

窄带物联网没有专门的上行控制信道，控制信息复用在 NPUSCH 中发送。控制信息包括与 NPDSCH 对应的 ACK/NAK 的消息，不像 LTE 还需要传输表征信道条件的 CSI 及申请调度资源的 SR(Scheduling Request)。

NPUSCH 只支持天线单端口，NPUSCH 包含一个或者多个 RU。分配的 RU 资源单位数量由 NPDDCH 承载的针对 NPUSCH 的 DCI 格式 N0(format N0)来指明。这个 DCI 格式 N0 包含分配给 RU 的连续子载波数量 n_{sc}，分配的 RU 数量 N_{RU}，重复发送的次数 N_{rep}。UE 通过解读 DCI 格式 N0 获取相关 NPUSCH 上行传输的时间起点及所占用的视频资源，上行共享信道子载波间隔与解码随机接入 grant 指示 Msg3 发送采用的子载波间隔保持一致。NPUSCH 上行对应取值在协议中明确定义。在子载波上映射的 NPUSCH 符号与上行参考信号错开。在映射了 $N_{\mathrm{sIoT_S}}$ 个时隙后，为了提升上行软覆盖，保证数据传输质量，这个 $N_{\mathrm{sIoT_S}}$ 时隙需要重复，计算公式为

$$M_{\text{identical}}^{\text{NPUSCH}}=\begin{cases}\min(\lfloor M_{\text{rep}}^{\text{NPUSCH}}/2\rfloor,4), & N_{\text{sc}}^{\text{RU}}>1\\ 1, & N_{\text{sc}}^{\text{RU}}=1\end{cases}$$

$$N_{\mathrm{sIoT_S}}=\begin{cases}1, & \Delta f=3.75\text{kHz}\\ 2, & \Delta f=15\text{kHz}\end{cases} \tag{2-1}$$

对于 NPUSCH 格式 1 中子载波间隔 3.75kHz，RU 频域子载波数为 1 的情况，计算得出每个传输的时隙不需要重复。这样 NPUSCH 的待发符号会映射满一个 RU(1 个子载波，8 个时隙，持续 32ms)，之后再重复 $M_{\text{rep}}^{\text{NPUSCH}}-1$ 次；对于 NPUSCH 格式 2 中子载波间隔 15kHz，RU 频域子载波数为 1 的情况，计算得出每

2个时隙需要被重复发送,RU内部重复次数 $M_{\text{identical}}^{\text{NPUSCH}}$ 为1。NPUSCH的待发信号映射满一个RU(1个子载波,4个时隙,持续2ms),之后再重复 $M_{\text{rep}}^{\text{NPUSCH}}-1$ 次;对于NPUSCH格式1中子载波间隔15kHz,RU频域子载波数为6的情况,计算得出每2个时隙需要被重复发送,如通过解码DCI获得 $M_{\text{rep}}^{\text{NPUSCH}}$ 的值为4,经计算 $M_{\text{identical}}^{\text{NPUSCH}}$ 为2,实际情况是在该RU持续的4个时隙内,NPUSCH符号先映射满2个时隙,然后RU内部重复,这种映射方式直到NPUSCH符号被完全发送完,之后NPUSCH重复3次,实际总共需要16个时隙重传来保障上行数据接受的可靠性。

NPUSCH采取"内部切片重传"与"外部整体重传"的机制保证上行信道数据的可靠性。对于格式2承载的一些控制信息,由于数据量较小,就没有采取内部分割切片的方式,而是数据NPUSCH承载的控制信息传完以后再重复传输来保证质量。NPUSCH在传输过程中需要与NPRACH错开,NPRACH优先程度较高,如果与NPRACH时隙重叠,NPUSCH需要延迟一定的时隙传输(36.211 R13 10.1.3.6)。在传输完NPUSCH或者NPRACH之后加一个40ms的保护间隔,而被延迟的NPUSCH与40ms保护间隔交叠的数据部分则认为是保护带的一部分,这部分上传数据被抛弃。在NPUSCH的上行信道配置中考虑了与LTE上行参考信号SRS的兼容问题,通过SIB2-NB里面的NPUSCH-ConfigCommon-NB信息块中的npusch-AllSymbols和srs SubframeConfig参数共同控制,如果npusch-AllSymbols设置为false,那么SRS对应的位置记作NPUSCH的符号映射,但是并不传输,如果npusch-AllSymbols设置为true,那么所有的NPUSCH符号都被传输。如果NPUSCH需要兼容SRS进行匹配,意味着一定程度上的信息损失。

窄带物联网上行共享信道具有功控机制,通过"半动态"调整上行发射功率使得信息能够成功在基站侧被解码。上行功控的机制属于"半动态"调整,在功控过程中,目标期望功率在小区级是不变的,功控中进行调整的部分只是路损补偿。UE需要检测NPDCCH中的UL grant以确定上行的传输内容(NPUSCH格式1、2或者Msg3),不同内容路损的补偿的调整系数有所不同,同时上行期望功率的计算也有差异。上行功控以时隙作为基本调度单位,如果NPUSCH的RU重传次数大于2,表示窄带物联网处在深度覆盖受限环境,上行信道不进行功控,采取最大功率发射 $P_{\text{CMAX},c}(i)$[dBm],该值不超过UE的实际最大发射功率能力,对于class3UE最大发射功率能力是23dBm,class5UE最大发射功率能力是20dBm。

不同格式的RU对应产生不同的解调参考信号。主要按照 $N_{\text{sc}}^{\text{RU}}=1$(一个RU

包含的子载波数量)和 $N_{sc}^{RU}>1$ 两类来计算。NPUSCH 格式 1 为每个 NPUSCH 传输时隙包含一个解调参考信号,NPUSCH 格式 2 为每个传输时隙包含 3 个解调参考信号。对于包含不同子载波的 RU 而言,需要保证每个子载波至少一个 DMRS(Demodulation Reference Signal)参考信号以确定信道质量,同时 DMRS 的功率与所在 NPUSCH 信道的功率保持一致。对于 multi-tone 中如何生成参考信号,既可以通过解读系统消息 SIB2-NB 中的 NPUSCH-ConfigCommon-NB 信息块中的参数获取,也可以根据小区 ID 通过既定公式计算获取(36.211 R13 36.211)。解调参考信号可以通过序列组跳变(group hopping)的方式避免不同小区间上行符号的干扰。序列组跳变并不改变 DMRS 参考信号在不同子帧的位置,而是通过编码方式的变化改变 DMRS 参考信号本身。对于 $N_{sc}^{RU}=1$ 的 RU,RU 内部的每个时隙中的序列组跳变是一样的,对于 $N_{sc}^{RU}>1$ 的 RU,RU 内部每个偶数时隙的序列组的计算方式要重新变化一次。DMRS 映射到物理资源的原则是确保 RU 内每个时隙的每个子载波至少一个参考信号。在物理资源映射分配上格式 1 与格式 2 的 DMRS 不同。格式 1 在每个时隙每个子载波上只分配 1 个 DMRS 参考信号,格式 2 在每个时隙每个子载波上分配 3 个 DMRS 参考信号。

窄带物联网上行 SC-FDMA 基带信号对于单子载波 RU 模式需要区分 BPSK、QPSK 模式,基于不同的调制方式和不同的时隙位置进行相位偏置。

窄带随机接入信道(Narrowband Physical Random Access Channel,NPRACH)是传输随机接入请求的。随机接入过程是 UE 从空闲态获取专用信道资源转变为连接态的重要方法手段。在窄带物联网中没有了同步状态下的 SR 流程对于调度资源的申请,主要靠随机接入流程申请调度资源。随机接入使用 3.75kHz 子载波间隔,同时采取在单子载波跳频符号组的方式发送不同循环前缀的 preamble。随机接入符号组如图 2-3 所示,由 5 个相同的 OFDM 符号与循环前缀拼接而成。随机接入前导序列只在前面加循环前缀,基站侧通过检测最强路径的方式确认随机接入前导码(preamble)。随机接入前导码包含两种格式,两种格式的循环前缀不一样,如表 2-2 所示。

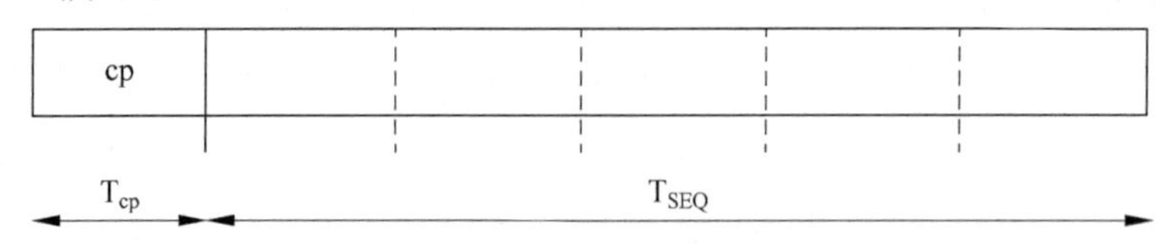

图 2-3 随机接入符号组

表 2-2 前导码参数配置

前导码格式	循环前缀 T_{cp}	前导码序列总长度 T_{SEQ}
0	$2048T_S$	$5.8192T_S$
1	$8192T_S$	$5.8192T_S$

一个前导码包含 4 个符号组，同时被连续传输 M_{rep}^{NPUSCH}。通过一系列的时频资源参数配置，随机接入前导码占据预先分配的时频资源进行传输。UE 通过解读 SIB2-NB 消息获取这些预配置参数，通过配置参数确定前导码的起始位置。

起始：假设 nprach－Periodicity ＝ 1280ms，则发起随机接入的无线帧号为 0，128，256，…（128 的整数倍），这个取值越大，随机接入延迟越大，窄带物联网对这种延迟并不敏感，如基于抄水表的物联网终端更需要保证的是数据传输准确性，对于延迟可以有一定的容忍。nprach－StartTime 决定了具体的起始时刻，假设 nprach－StartTime＝8，那么前导码可以在上述无线帧的第 4 号时隙上发送（8ms/2ms＝4）。

重复：一个前导码占用 4 个符号组，假设 numRepetitionsPerPreambleAttempt＝128（最大值），意味前导码需要被重复传输 128 次，这样传输前导码实际占用时间为 4×128×（TCP＋TSEQ）TS（时间单位），而协议规定，每传输 $4\times64(T_{cp}+T_{SEQ})T_S$，需要加入 $40\times30720T_S$ 间隔（36.211 R13 10.1.6.1），假设采取前导码格式 0 进行传输，那么传输前导码实际占用时间为 796.8ms，物联网终端随机接入需要保证用户的上行同步请求被正确解码，对于接入时延不敏感。

频域位置：分配给 preamble 的频域资源不能超过频域最大子载波数，即 nprach－SubcarrierOffset＋nprach－NumSubcarriers≤48，超过 48 配置无效。这两个参数决定了每个符号中 NPRACH 的起始位置，NPRACH 采取在不同符号的不同单子载波跳频，限制条件是在起始位置以上的 12 个子载波内进行跳频，具体的跳频位置参见（36.311 R1310.1.6.1）。

nprach－NumCBRA－StartSubcarriers 和 nprach－SubcarrierMSG3－RangeStart 决定了随机过程竞争阶段的起始子帧位置，如 nprach－SubcarrierMSG3－RangeStart 取值为 1/3 或者 2/3，指示 UE 网络侧支持 multi-tone 方式的 msg3 传输。

随机接入过程：UE 在发起非同步随机接入之前，需要通过高层获取 NPRACH 的信道参数配置。在物理层的角度看来，随机接入过程包含发送随机接入前导码和接收随机接入响应两个流程。其余的消息，比如竞争解决及响应

(msg3,ms4),认为在共享信道传输,不是物理层的随机接入过程。

过程1:发送随机接入前导码(发送Msg1),随机接入信道为每个连续的前导码符号占用一个子载波。层1的随机过程是由高层的接入请求触发的,随机接入的RA-RNTI和NPRACH资源分配也是由高层决定的。

过程2:接收随机接入响应获取uplinkgrant(解码Msg2,RAR),UE通过RA-RNTI解码下行NPDCCH获取被对应RA-RNTI加扰的DCI,通过DCI获取对应DL-SCH资源传输块,将资源块传递高层,高层解析资源块,并向物理层指明Nr-bit的上行授权(uplink grant)。Nr=15,这15bit包含了表2-3的相关信息(从左至右)。

表2-3　15-bit上行授权

(MSB)→15-bit UL Grant(窄带随机接入响应资源预留)→(LSB)						
上行子载波间隔 Δf (1bit)	为竞争解决(Msg3)分配的子载波 I_{sc} (6bit)	调度时延 T_{delay} 在检测到随机接入Grant下行子帧之后的 k_0 发起上行竞争请求(2bit)	Msg3重传次数 N_{rep} (3bit)	通过NPUSCH传输Msg3的MCS索引(3bit)		
0=0.375kHz	$n_{sc}=I_{sc}$,取0~47,而48,49,…,63作为预留(3.75kHz)	$I_{delay}=0$,$k_0=12$	$I_{rep}=0$,$N_{rep}=1$	000,pi/2 BPSK(Δf=3.75kHz/15kHz且I_{sc}=0,1,…,11)	QPSK(Δf=15kHz且I_{sc}>11)	占用4个CPU传输块(TBS)88bit
1=15kHz	$n_{sc}=I_{sc}$,I_{sc}取0~11(15kHz)	$I_{delay}=1$,$k_0=16$	$I_{rep}=0$,$N_{rep}=2$	001,pi/4 BPSK(Δf=3.75kHz/15kHz且I_{sc}=0,1,…,11)	QPSK(Δf=15kHz,I_{sc}>11)	占用4个CPU传输块(TBS)88bit

续表

(MSB)→15-bit UL Grant(窄带随机接入响应资源预留)→(LSB)						
	$n_{sc}=3(I_{sc}-12)+\{0,1,2\}$,$I_{sc}$ 取 16～17(15kHz)	$I_{delay}=2$, $k_0=32$	$I_{rep}=0$, $N_{rep}=4$	010,pi/4 BPSK ($\Delta f=3.75$kHz/15kHz 且 $I_{sc}=0,1,\cdots,11$)	QPSK($\Delta f=15$kHz, $I_{sc}>11$)	占用 4 个 CPU 传输块(TBS) 88bit
	$n_{sc}=6(I_{sc}-16)+\{0,1,2,3,4,5\}I_{sc}$ 取 16～17(15kHz)	$I_{delay}=3$, $k_0=64$	$I_{rep}=0$, $N_{rep}=8$			
	$n_{sc}=\{0,1,2,3,4,5,6,7,8,9,10,11\}$,$I_{sc}$ 取 18(15kHz)		$I_{rep}=0$, $N_{rep}=16$			
	预留当 I_{sc} 取 19～63(15kHz)		$I_{rep}=0$, $N_{rep}=32$	预留		
			$I_{rep}=0$, $N_{rep}=64$			
			$I_{rep}=0$, $N_{rep}=128$			

通过 NPDCCH 中 DCI 获得随机接入响应资源预留,并规定 Msg3 发送占用的资源及调制方式。

2.5 窄带物联网下行物理层技术

窄带物联网技术协议支持频分双工(FDD)工作模式,载波带宽 180kHz,子载波间隔可以是 3.75kHz 或 15kHz。窄带物联网的终端是相对独立的,像跨系统移动、切换、测量报告、GBR、载波聚合、双连接、CSFB 回落、物物通信等技术功能在窄带物联网是不支持的。窄带物联网与 LTE 共存模式有三种：In-band（带内）、Guard-band（保护带）、Standalone（独立）。窄带物联网采取带内组网方式部署较容易，带内组网方式相比带内频率效率更高，但需要考虑和大网共存的干扰。独立组网方式与 LTE 大网可以完全分开，独立运维，但需要额外的 FDD 频谱资源。

UE 通过小区同步解读 MIB-NB 系统消息可以得知组网的模式。

窄带参考信号（Narrowband Reference Signal，NRS）是窄带物联网中的物理层信号，是信道估计与网络覆盖评估的重要参考依据。在 UE 没有解读到 MIB-NB 里面的 operationModeInfo 字段时，UE 默认 NRS 分别在子帧 0、4 和 9（不包含 NSSS）上进行传输。如果 MIB-NB 被 UE 解码后得到的 operationModeInfo 字段标识的模式是 Guard-band 或 Standalone，那么在解码 SIB1-NB 之前，UE 默认 NRS 窄带参考信号分别在 0、1、3、4 和 9（不包含 NSSS）的子帧上进行传输。在 SIB1-NB 被 UE 解码完毕后，UE 默认 NRS 在所有不包含 NPSS 或者 NSSS 的窄带物联网下行子帧中传输。如果 MIB-NB 被 UE 解码后得到的 operationModeInfo 字段标识的模式是 inband-SamePCI 或者 inband-DifferentPCI，那么在解码 SIB1-NB 之前，UE 默认 NRS 分别在 0、4、9（不包含 NSSS）的子帧上进行传输。在 SIB1-NB 被 UE 解码完毕后，UE 默认 NRS 在所有不包含 NPSS 或 NSSS 的窄带物联网下行子帧中传输。

窄带物联网最多只支持下行双天线端口传输，下面介绍双天线端口 NRS 位置。

窄带物联网的主同步信号（Narrowband Primary Synchronization Signal，NPSS）仅作为小区下行同步使用，主同步信号传输的子帧是固定的，同时对应的天线端口号也是固定的，在其他子帧传输的主同步信号的端口号并不一致。

传输 NPSS 的 5 号子帧上没有 NRS 窄带参考信号，在带内组网模式下与 CRS 小区参考信号重叠，重叠部分不计作 NPSS，仍然作为 NPSS 符号的一个占位匹配项（详见 36.211. R13 10.2.7.1.2），如图 2-4 所示。

辅同步信号（Narrowband Secondary Synchronization Signal，NSSS）部署在偶数无线帧的 9 号子帧上，从第 4 个 OFDM 符号开始，占满 12 个子载波，如图 2-5 所示。9 号子帧上没有 NRS，另外如果在带内组网模式下与 CRS 小区参考信号重叠，重叠部分不计作 NSSS，但是仍然作为 NSSS 符号的一个占位匹配项。

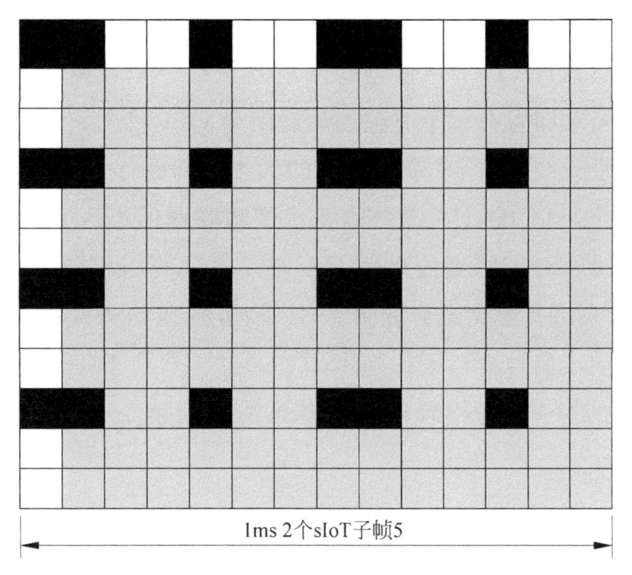

注：黑色部分为CRS的位置，灰色部分为NPSS的位置。

图 2-4 传输 NPSS 的 5 号子帧

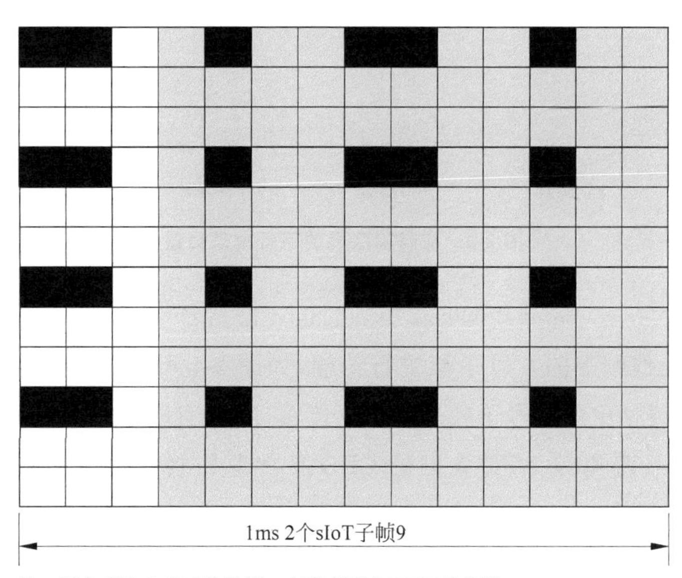

注：黑色部分为CRS的位置，灰色部分为NPSS的位置。

图 2-5 无线帧的 9 号子帧

与 LTE 大网中，PCI 需要通过 PSS 和 SSS 联合确定不同，窄带物联网的物理层小区 ID 仅需要通过 NSSS 确定，NSSS 的编码序列有 504 组。

通过UE角度看，窄带物联网下行是半双工传输模式，如图2-6所示，子载波带宽间隔是固定的15kHz，每个窄带物联网载波只有一个资源块(resource block)。下行窄带参考信号被布置在每个时隙的最后两个OFDM符号中，每个下行窄带参考信号都对应一个天线端口，窄带物联网的天线端口是1个或者2个。物理层同样被分配了504个小区ID，UE需要确认窄带物联网的小区ID与LTE大网PCI是否一致，如果一致，对于同频的小区UE可以通过使用相同天线端口数的LTE大网小区的CRS来进行解调或者测量。UE除了根据NSSS确定小区物理ID，还需要根据这两个同步信号进行下行同步，NPSS的位置位于每个无线帧的第6子帧的前11个子载波，NSSS的位置位于每个无线帧的第10子帧上的全部12个子载波。

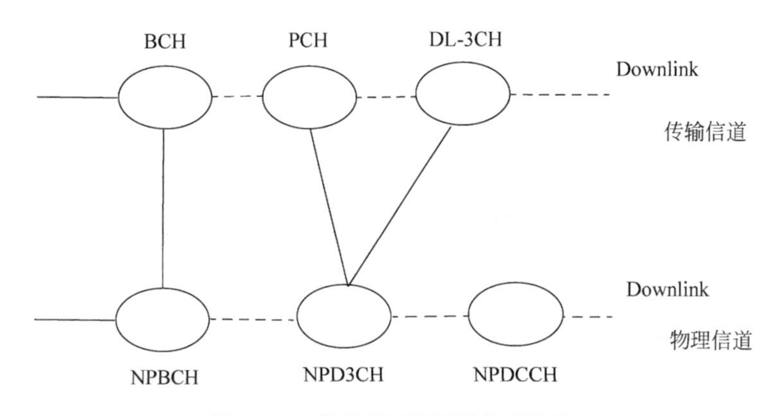

图2-6　窄带物联网的下行物理信道

NPBCH(Narrowband Physical Broadcast Channel)以64个无线帧为循环，在mod64＝0的无线帧上的0号子帧进行传输，如图2-7所示，同样的内容在接下来连续的7个无线帧中的0号子帧进行重复传输，NPBCH不可占用0号子帧的前三个OFDM符号，避免与LTE大网的CRS及物理控制信道的碰撞。根据3GPP 36.211 R13定义，一个小区的NPBCH需要传输1600bit，采取QPSK调制，映射成800个调制符号，而每8个无线帧重复传输，64个无线帧将这800个调制符号传完，每8个无线帧重复传输100个调制符号，在这8个无线帧的每个0号子帧中需要传输这100个调制符号。每个无线帧上的0号子帧恰好装满了NPBCH的符号。

窄带物联网只有NPDCCH(Narrowband Physical Downlink Control Channel)

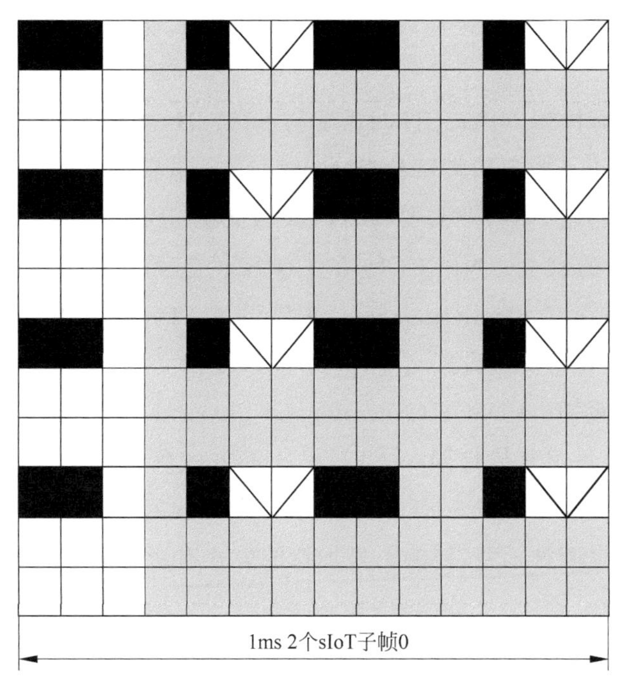

注：黑色部分为CRS 的位置，斜线部分为NRS 的位置，灰色部分为NPBCH 位置。

图 2-7 无线帧的 0 号子帧

传递控制信息。窄带物理控制信道通过连续的一个或者聚合两个 NCCE (Narrowband Control Channel Element)的方式进行传输。一个 NCCE 占据 6 个连续的子载波，其中 NCCE0 占据 0～5 子载波，NCCE1 占据 6～11 子载波。每个 NPDCCH 是以 R 个连续的窄带物联网下行子载波进行重复传输的。NPDCCH 有三种，分别为 Type1-NPDCCH 公共搜索空间、Type2-NPDCCH 公共搜索空间及 UE 专用 NPDCCH 搜索空间。它们分别在 UE 搜索该空间时提供寻呼信息、随机接入响应消息(RAR)及专属控制信息。

寻呼消息是在寻呼帧(Paging Frame，PF)的寻呼子帧(Paging Occasion，PO)上发出的，因此 UE 需要周期性地监听这些位置。

假设 Rmax 取值为 64，DCI 子帧重复数取值为 3，可知对应 R 取值为 8，那么根据以上寻呼起始位置的计算，意味着 UE 需要周期侦听无线帧 $168+256n$ ($n=0$，1，2，…)，同时连续重复 8 个子帧获取 NPDCCH 中的寻呼消息。这里 DCI 子帧连续数并不是高层消息告知 UE 的，在这里 UE 采取盲检机制逐步尝试检测所有的

DCI模式。如果没有检测到连续的控制信息，UE会将已检测到的NPDCCH丢弃。

在网络侧实际配置NPDCCH时需要与NPBCH的时隙错开，因此UE会尝试在非子帧0的其他子帧开始尝试检测NPDCCH。窄带物联网也可以采取多载波的方式进行数据传输，网络侧需要将NPSS、NSSS、NPBCH与UE专属NPDCCH分别配置在不同的载波。NPDCCH在子帧中的起始位置lNPDCCHStart取决SIB1-NB里的eutraControlRegionSize参数设置，Type2-NPDCCH和UE专属NPDCCH的起始位置确定方式与Type1有所不同。

窄带物联网重视NPDSCH(Narrowband Physical Downlink Shared Channel)的传输稳定性，通过重复传递同一NPDSCH的方式确保传输的质量，这也是窄带物联网的强化覆盖技术手段。NPDSCH可以承载BCCH，也可以承载一般的用户数据传输。对应这两种承载，传输信号加扰的方式有所不同，子帧重复传输的模式也不同。

承载NPDSCH的子帧及占位有一定规则，NPDSCH的子帧不可以与NPBCH、NPSS或者NSSS的子帧复用。承载子帧中NRS和CRS的位置既不作为NPDSCH，也不作为符号匹配。

在收到传输NPDCCH及DCI的最后一个子帧n后，UE尝试在n+5子帧为之后的N个连续下行子帧(不含承载系统消息的子帧)进行对应NPDSCH的解码。这N个连续下行子帧的取决于两个因素，也就是$N=N_{rep}\times N_{SF}$，N_{rep}意味着每个NPDSCH子帧总共重复传输的次数，N_{SF}意味着待传数据需要占用的子帧数量，这两个因素都是根据对应的DCI解码得出的，在协议中可以查表得出对应关系(36.213 R13 16.4.1.3)。根据不同的DCI(N1，N2)格式，需要注意的是，在UE预期的$n+5$子帧及实际传输NPDSCH的起始子帧之间存在调度延迟，如果是N2格式，该调度延迟为0；如果是N1格式，可以根据DCI的延迟指示Idelay和NPDCCH的最大重传Rmax共同确定调度延迟。协议规定，UE在NPUSCH上传数据之后的三个下行子帧之内不认为网络会传输NPDSCH数据，另外一种在物理层体现延迟传输NPDSCH的技术是GAP，GAP的长度由系统消息中的公共资源配置参数决定，这也为多用户的数据错峰传输预留了空间。

NPDSCH承载系统消息时的物理层流程及帧结构与承载非系统消息数据时有所差异。两者的区别是，在$N=N_{rep}\times N_{SF}$个子帧的信息都传输完毕前，承载非系统消息数据的 NPDSCH 会先将所有的子帧进行重复传输，而承载系统消息数据的 NPDSCH 则会先将 N_{SF} 个子帧传输完，再循环发送。这两种传输方式占用资源的方式相似，但重复传输机制不同。承载非系统消息数据的 NPDSCH 是通过对应 NPDCCH 加扰的 P-RNTI 临时 C-RNTI 或者 C-RNTI 进行解码的，同时 NPDSCH 持续占用的子帧情况也是通过解码 DCI 予以明确的。与之不同的是，承载系统消息的 NPDSCH 起始无线帧及重复传输占用子帧情况是通过解码小区 ID 和 MIB-NB 消息中的 schedulingInfoSIB1 参数获得的，承载系统消息的 NPDSCH 是通过 SI-RNTI 进行符号加扰的。SIB1-NB 是在子帧 4 进行传输的。对于在子帧内具体的起始位置则取决于组网方式，如果 NPDSCH 承载 SIB1-NB 并且是带内组网模式，则从第 4 个 OFDM 符号开始(避开前三个 OFDM 符号)，其他组网模式从第一个 OFDM 符号(0 号 OFDM 符号)开始。如果 NPDSCH 承载其他信息，说明此时已经正确解码 SIB1-NB，那么通过解读 SIB1-NB 中的 eutraControlRegionSize 参数(这是可选参数)来获取起始位置，如果该参数没有出现，那么从 0 号 OFDM 符号开始传输。

除了承载系统消息及非系统消息(一般用户数据、寻呼信令等)，NPDSCH 还承载对上行信道 NPUSCH 的 ACK/NACK 消息，UE 在 NPUSCH 传完子帧之后的第 4 个子帧进行侦听。

窄带物联网利用延迟及重传帧结构设计保障了数据传输的稳定性及可靠性，提升了覆盖的同时兼顾了与 LTE 大网的兼容共存。

第3章 窄带物联网的架构

3.1 窄带物联网的架构概述

窄带物联网是物联网的一种重要分支，支持低功耗设备在广域网的蜂窝数据连接。窄带物联网设备电池寿命可达几年，同时还能提供室内蜂窝数据连接全覆盖。窄带物联网体系架构如图3-1所示，包含感知层、网络层和应用层。

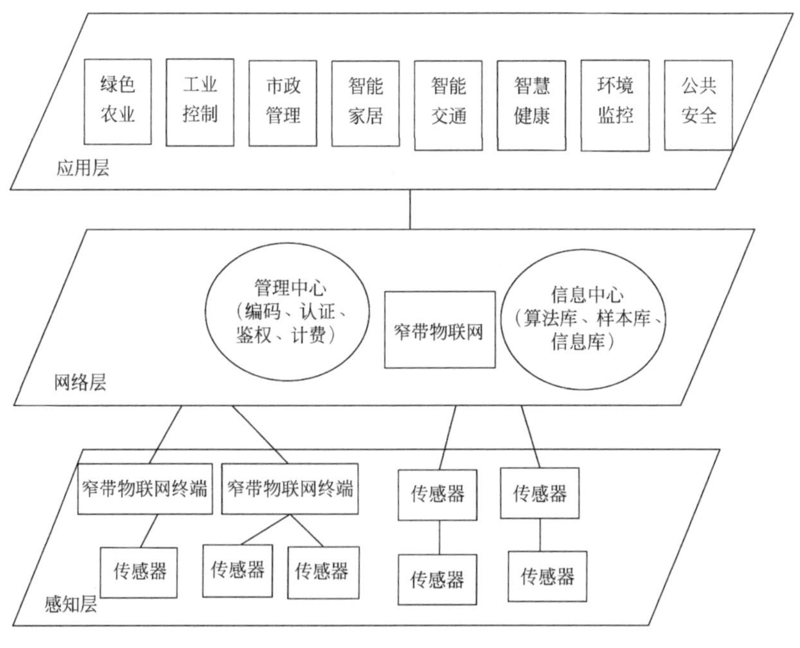

图3-1 窄带物联网体系架构

3.2 窄带物联网的感知层

感知层是窄带物联网发展和应用的基础，由各种传感器或传感网构成，包括温度传感器、湿度传感器、压力传感器、二维码标签、RFID标签和读写器、红外线、GPS等感知终端，或者多种传感器组成传感网，汇集给传感网网关，并由窄带物联网终端连接窄带物联网网络。感知层以RFID、传感器、传感网、短距离无线通信等为主要技术，是物联网识别物体、采集信息的来源。

感知层在对物理世界感知的过程中，不仅需要完成数据采集、传输、转发、存储等功能，还需要完成数据处理的功能。数据处理是对采集的数据做分析处理并提取出有用的数据。数据处理功能包含协同处理、特征提取、数据融合、数据汇聚等。感知层还要完成设备之间的通信和控制管理，实现将传感器获取的数据传输至数据处理设备。

传感网络是由传感器、执行器、通信单元、存储单元、处理单元和能量供给单元等模块组成的以实现信息的采集、传输、处理和控制为目的的信息收集网络。传感器节点内部结构如图3-2所示。

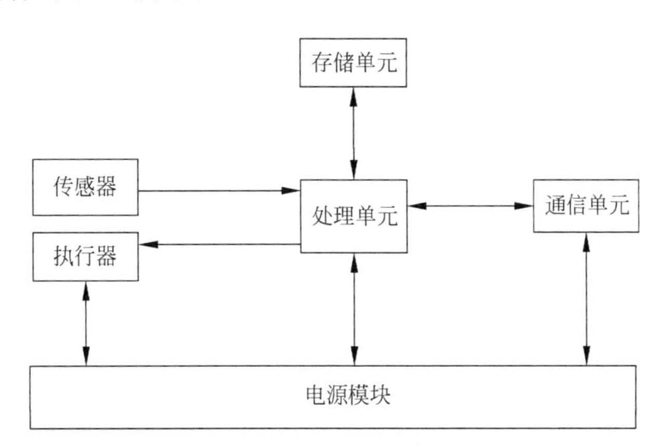

图3-2　传感器节点内部结构

传感器是通过监测物理、化学、空间、时间和生物等非电量参数信息，并将监测结果按照一定规律转换为电信号或其他所需信号的单元。它主要负责对物理世界参数信息进行采集和数据转换。执行器主要用于实现决策信息对环境的反馈控制，执行器并非传感网络的必需模块，无须实现反馈控制只有监测功能的传感网络无须执行器模块。处理单元是传感器的核心单元，它通过运行各种程序处理感知数据，利用指令设定发送数据给通信单元，并依据收到的数据传递给执行器来执行指令的动作。存储单元主要实现对数据及代码的存储功能。存储器主要分为随机存取存储器（RAM）、只读存储器（ROM）、电可擦除可编程只读存储器（EEPROM）、闪存（Flash Memory）四类。随机存取存储器用来存储临时数据，并接收其他节点发送的分组数据等，电源关闭时，数据不保存。只读存储器、电可擦除可编程只读存储器、闪存用来存储非临时数据，如程序源代码等。通信单元主要实现各节点数据的交换，通信模块可分为有线通信和无线通信两类。有线通信包括现场总线 Profibus、LONWorks、CAN 等；无线通信主要有射频、大气光通信和超声波等。电源模块主要为传感网络各模块可靠运行提供电能。这些模块共同作用可实现物理世界的信息采集、传输和处理，为实现万物互联奠定基础。

传感器将软件与硬件相结合，一般具有低功耗、小体积、高集成度、高效率、高可靠性等优点，这些推动了物联网的实现。

单一的传感器在通信和储存等多个方面受到限制，通过组网连接后，具备应对复杂计算和协同信息处理的能力，它能够更加灵活、以更强的鲁棒性来完成感知的任务。无线传感器网络是集成了检测、控制及无线通信的网络系统，其基本组成实体是具有感知、计算和通信能力的智能微型传感器。无线传感器网络通常由大量无线传感器节点对监测区域进行信息采集，以多跳中继方式将数据发送到汇聚节点，经汇聚节点的数据融合和简单处理后，通过互联网或者其他网络将监测到的信息传递给后台用户。无线传感器网络的体系架构如图 3-3 所示。

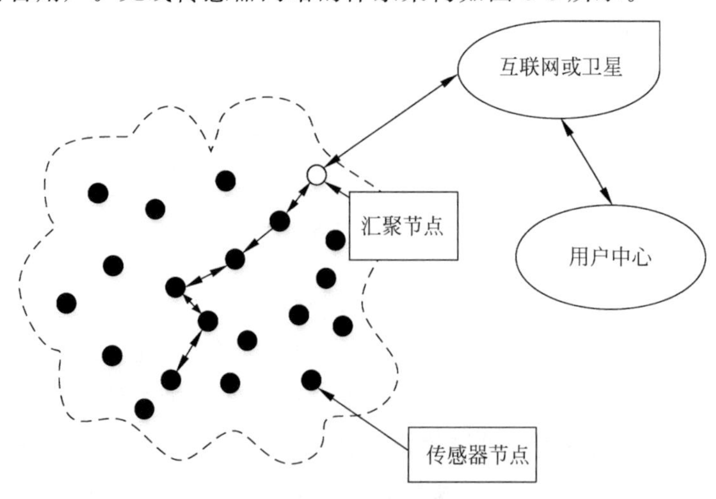

图 3-3　无线传感器网络的体系架构

3.3 窄带物联网的网络层

网络层是建立在现有通信网络和互联网基础之上的融合网络，由各种网络，包括互联网、广电网、网络管理系统和云计算平台等组成，是整个窄带物联网的中枢，负责传递和处理感知层获取的信息。网络层借助于已有的网络通信系统可以完成信息交互，把感知层感知到的信息快速、可靠地传送到相应的数据库，使物品能够进行远距离、大范围的通信。

网络层是物联网的神经系统，主要进行信息的传递。网络层包括接入网和核心网。网络层根据感知层的业务特征优化网络，更好地实现物与物之间的通信、物与人之间的通信及人与人之间的通信。物联网中接入设备有很多类型，接入方式也多种多样，接入网有移动通信网络、无线通信网络、固定网络和有线电视网络HFC等。移动通信网具有覆盖广、部署方便、具备移动性等特点，缺点是成本高、耗电多，有时还要借助有线和无线的技术，实现无缝透明的接入。随着物联网业务种类的不断丰富、应用范围的扩大、应用要求的提高，通信网络也从简单到复杂、从单一到融合过渡。

互联网是由网络与网络串联而成的庞大网络，这些网络以一组通用的协议相连，形成逻辑上的单一巨大国际网络。计算机网络互相连接在一起，在这基础上发展出的覆盖全世界的互联网络为互联网。互联网并不等同万维网，万维网只是基于超文本相互链接而成的全球性系统，是互联网所能提供的服务之一。

开放系统互连参考模型(Open System Interconnect，OSI)是国际标准化组织(ISO)和国际电报电话咨询委员会(CCITT)联合制定的一个用于计算机或通信系统间的开放系统互联参考模型，一般称为OSI参考模型或七层模型。OSI为开放式互连信息系统提供了一种功能结构的框架，它从低到高分别是物理层、数据链路层、网络层、传输层、会话层、表示层和应用层。

七层模型目的是为异种计算机互连提供一个共同的基础和标准框架，并为保持相关标准的一致性和兼容性提供共同的参考。开放系统指的是遵循OSI参考模型和相关协议，并能够实现互联的具有各种应用目的的计算机系统。OSI七层模型如图3-4所示。

从图3-4可见，整个开放系统环境由信源端和信宿端开放系统及若干中继开放系统通过物理介质连接构成。这里的端开放系统和中继开放系统相当于资源子网中的主机和通信子网中的节点机(IMP)。主机需要包含所有七层的功能,通信子网中的 IMP 一般只需要最低三层或者只要最低两层的功能就可以了。

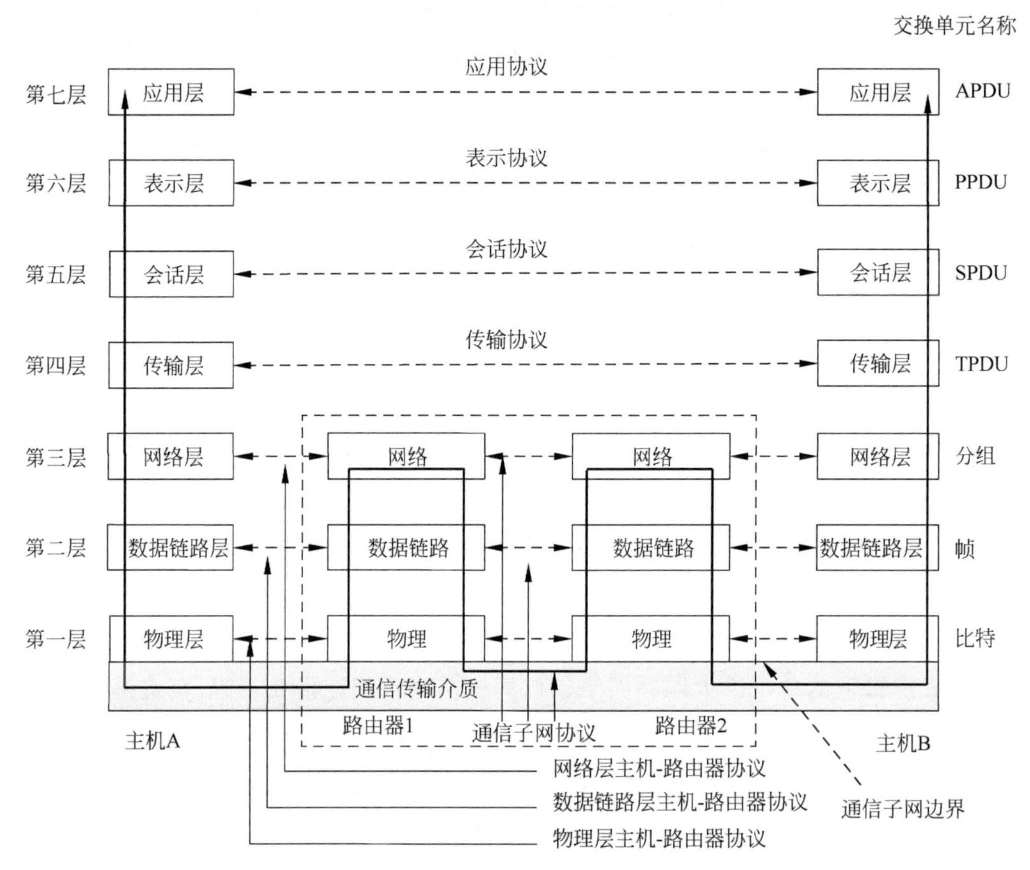

图 3-4　OSI 七层模型

OSI 七层模型是计算机网络体系架构发展的产物。基本内容是开放系统通信功能的分层结构。模型把开放系统的通信功能划分为七个层次,从物理层开始,上面分别是数据链路层、网络层、传输层、会话层、表示层和应用层,每层的功能是独立的。它利用其下一层提供的服务并为其上一层提供服务,而与其他层的具体实现无关。服务是下一层向上一层提供的通信功能和层之间的会话规定,一般用通信原语实现。两个开放系统中的同等层之间的通信规则和约定称为协议。

第一层(物理层):提供为建立、维护和拆除物理链路所需要的机械的、电气的、功能的和规程的特性；有关的物理链路上传输非结构的位流及故障检测指示。

第二层：（数据链路层）：建立逻辑连接、进行硬件地址寻址、差错校验等功能，将比特组合成字节进而组合成帧，用MAC地址访问介质；在网络层实体间提供数据发送和接收的功能和过程；提供数据链路的流控，如802.2、802.3ATM、HDLC、FRAME RELAY。

第三层（网络层）：控制分组传送系统的操作、路由选择、拥护控制、网络互连等功能，如IP、IPX、APPLETALK、ICMP。

第四层（传输层）：提供建立、维护和拆除传送连接的功能；选择网络层提供最合适的服务；在系统之间提供可靠的透明的数据传送，提供端到端的错误恢复和流量控制，如TCP、UDP、SPX。

第五层（会话层）：提供两进程之间建立、维护和结束会话连接的功能；提供交互会话的管理功能，如RPC、SQL、NFS、X WINDOWS、ASP。

第六层（表示层）：代表应用进程协商数据表示；完成数据转换、格式化和文本压缩，如ASCLL、PICT、TIFF、JPEG、MIDI、MPEG。

第七层（应用层）：提供用户服务，例如文件传送协议和网络管理等，如HTTP、FTP、SNMP、TFTP、DNS、TELNET、POP3、DHCP。

模型中数据的实际传递过程如图3-5所示。数据由发送进程送给接收进程：经过发送方各层从上到下传递到物理介质；通过物理介质传输到接收方后，再经过从下到上各层的传递，最后到达接收进程。

在发送方从上到下逐层传递的过程中，每层加上该层的头信息首部，即图3-5中的H7～H1。底层为由0或1组成的数据比特流（位流），然后再转换为电信号或光信号在物理介质上传输至接收方，这个过程还可能采用伪随机系列扰码便于提取时钟。接收方在向上传递时的过程正好相反，要逐层剥去发送方相应层加上的头部信息。

因接收方的某层不会收到底下各层的头信息，而高层的头信息对于它来说又只是透明的数据，所以它只阅读和去除本层的头信息，并进行相应的协议操作。发送方和接收方的对等实体看到的信息是相同的，就像这些信息通过虚通道直接给了对方一样。

开放系统互连参考模型各层的功能可以简单地概括为：物理层正确利用媒质，数据链路层协议走通每个节点，网络层选择走哪条路，运输层找到对方主机，会

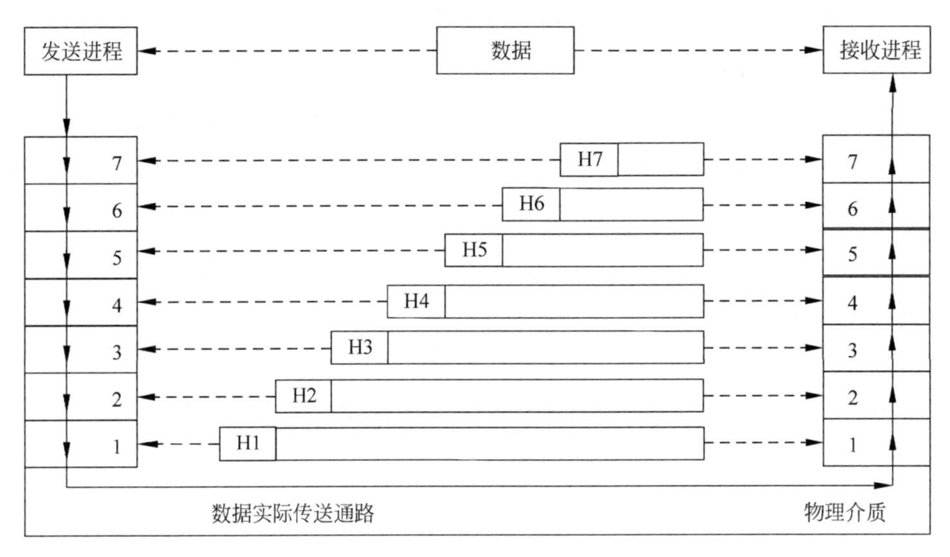

图 3-5 数据传递过程

话层指出对方实体是谁，表示层决定用什么语言交谈，应用层指出做什么事。

互联网的基础是 TCP/IP。TCP/IP 也可以看成四层的分层体系架构，从底层开始分别是物理数据链路层、网络层、传输层和应用层，为了和 OIS 的七层协议模型对应，物理数据链路层还可以拆分成物理层和数据链路层，每层都通过调用它的下一层所提供的网络任务来完成自己的需求。

OSI 七层模型和 TCP/IP 四个协议层的关系如图 3-6 所示。

TCP/IP 分层模型的四个协议层有以下的功能。

第一层：物理数据链路层(Physical Data Link)，又称网络接口层，还可以划分为物理层和数据链路层，包括用于协作 IP 数据在已有网络介质上传输的协议。TCP/IP 标准并不定义与 OSI 数据链路层和物理层相对应的功能，而是定义像地址解析协议(Address Resolution Protocol，ARP)这样的协议，提供 TCP/IP 的数据结构和实际物理硬件之间的接口。物理数据链路层分成物理层和数据链路层。

物理层规定了通信设备的机械的、电气的、功能的等特性，用来建立、维护和拆除物理链路连接，如电气特性规定了物理连接上传输比特流时线路上信号电平强度、驻波比、阻抗匹配等。物理层规范有 RS-232、V. 35、RJ-45 等。

数据链路层实现了网卡接口的网络驱动程序，处理数据在物理媒介上的传输。数据链路层两个常用的协议是 ARP(Address Resolve Protocol，地址解析协议)和

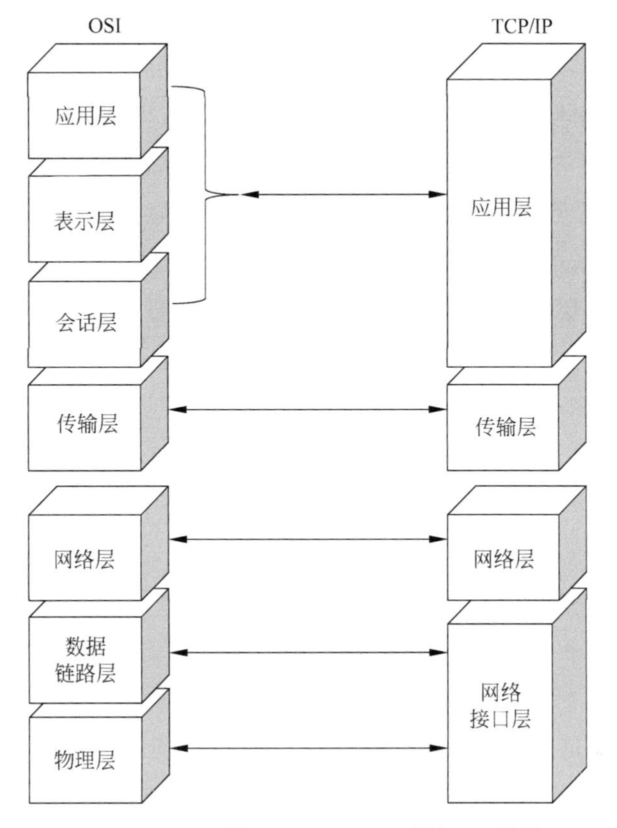

图 3-6 OSI 七层模型和 TCP/IP 四个协议层的关系

RARP(Reverse Address Resolve Protocol,逆地址解析协议)。这些协议实现 IP 地址和物理地址之间的相互转换。网络层通过 IP 地址寻址一台机器,而数据链路层通过物理地址寻址一台机器,因此网络层先将目标机器的 IP 地址转换为其物理地址,才能使用数据链路层提供的服务,这是 ARP 的用途。RARP 仅用于网络上某些无盘工作站(无存储盘)。因为没有存储设备,无盘工作站只能利用网卡上的物理地址来向网络管理者查询自身 IP 地址。运行 RARP 服务的网络管理者通常存有该网络上所有机器的物理地址到 IP 地址的映射表。

第二层:网络层(Network Layer),对应于 OSI 七层参考模型的网络层。本层包含 IP、RIP(Routing Information Protocol,路由信息协议),负责数据的包装、寻址和路由。网间控制报文协议(Internet Control Message Protocol,ICMP)用来提供网络诊断信息。

网络层实现数据报的选路和转发。网络层的任务是确定两台主机之间的通信路径，对上层协议隐藏网络拓扑连接的细节，使得在传输层和网络应用程序看来，通信双方是直接相连的。网络层最核心的协议是IP。IP根据数据包的目的IP地址来决定如何投递它。网络层另外一个重要协议是ICMP，ICMP主要用来检查网络连接可以分为两类：一类是差错报文，用来回应网络错误，另一类是查询报文，用来查询网络信息。ping程序使用ICMP报文查看目标报文是否可达。

第三层：传输层(Transport layer)，对应于OSI七层参考模型的传输层。

传输层为两台主机的应用程序提供端到端的通信服务。与网络层使用的逐跳方式不同，传输层只关心通信的起始端和目的端。传输层负责数据的收发、链路的超时重发等功能。传输层主要有三个协议：TCP、UDP和SCTP。TCP(Transmission Control Protocol，传输控制协议)为应用层提供可靠的、面向连接的和基于流的服务。UDP(User Datagram Protocol，用户数据报文协议)为应用层提供不可靠、无连接和基于数据报的服务，优点是实时性比较好。SCTP(Stream Control Transmission Protocol，流控制协议)是为在因特网上传输电话信号设计的。

第四层：应用层(Application layer)对应于OSI七层参考模型的应用层、表示层和会话层。应用层负责应用程序的逻辑。物理数据链路层、网络层、传输层协议系统负责处理网络通信细节，要稳定高效。应用层在用户空间实现。应用层协议有Finger、Whois、FTP(文件传输协议)、Gopher、HTTP(超文本传输协议)、SMTP(简单邮件传送协议)、IRC(因特网中继会话)、NNTP(网络新闻传输协议)、ping应用程序(不是协议，利用ICMP报文检测网络连接)、TELNET(协议是远程终端登录协议)、OSPF(Open Shortest Path First，开放最短路径优先，协议提供动态路由更新协议，用于路由器之间的通信，告知对方各自的路由信息)、DNS(Domain Name Service，域名服务协议提供机器域名到IP地址的转换)等。应用层协议可跳过传输层直接使用网络层提供的服务，如ping。DNS协议既可以使用TCP服务，又可以使用UDP服务。

应用程序数据在发送到物理层之前，沿着协议栈从上往下依次传递。每层协议都将在上层数据的基础上加上自己的头部信息(有时包括尾部)完成封装，以实现该层的功能。

当数据帧到达目的主机时，将沿着协议栈从下向上依次传递。各层协议处理数据帧中本层负责的头部数据，以获取所需信息，并将最终处理后的数据帧交给目标应用程序，这个过程叫作分用(demultiplexing)。分用是依靠头部信息中的类型字段实现的。

OSI七层模型和TCP/IP四个协议层的关系如下。

(1) OSI引入了服务、接口、协议、分层等概念；TCP/IP借鉴了OSI的这些概念并建立了TCP/IP模型。

(2) OSI是先有模型，后有协议，先有标准，后进行实践；而TCP/IP是先有协议和应用再参考OSI模型提出了自己的四个协议层模型。

(3) OSI是一种理论模型，而TCP/IP已广泛使用，成为网络互联事实上的标准。

TCP/IP模型可以通过网络层屏蔽掉多种底层网络的差异(IP over everything)，向传输层提供统一的IP数据包服务，进而向应用层提供多种服务(everything over IP)，因而具有很好的灵活性。

随着互联网全球广泛应用，网络节点数目呈现几何级数的增长。互联网上使用的网络层协议IPv4，其地址空间为32位，理论上支持40亿台终端设备的互联，随着互联网的迅速发展，这样的IP地址空间正趋于枯竭。

下一代互联网络协议IPv6优势如下。

1. 巨大的地址空间

IPv6的地址空间由IPv4的32位扩大到128位，2的128次方形成了一个巨大的地址空间，可以让地球上每个人拥有1600万个IP地址，甚至可以给世界上每一粒沙子分配一个IP地址。采用IPv6地址后，未来的移动电话、冰箱等信息家电都可以拥有自己的IP地址，基本实现给生活中的每个东西分配一个IP地址，让数字化生活无处不在。任何人、任何东西都可以随时、随地连网，成为数字化网络化生活的一部分，为物联网终端地址提供了保障。

2. 丰富的地址层次

IPv6用128位地址中的高64位表示网络前缀，如图3-7所示，低64位表示主机。为支持更多地址层次，网络前缀又分成多个层次的网络，包括13bit顶级聚类标识(TLA-ID)、24bit的次级聚类标识(NLA-ID)和16bit的网点级聚类标识

(SLA-ID)。IPv6 的管理机构将某一确定的 TLA 分配给某些骨干网 ISP，骨干网 ISP 再灵活为各个中小 ISP 分配 NLA，用户从中小 ISP 获得 IP 地址。

<table>
<tr><td>0</td><td>4</td><td>12</td><td>16</td><td>24</td><td>31</td></tr>
<tr><td>版本</td><td colspan="2">流量类别</td><td colspan="3">业务流标记</td></tr>
<tr><td colspan="3">有效负载长度</td><td>下一个报头</td><td colspan="2">跳数限制</td></tr>
<tr><td colspan="6">源地址（128位）</td></tr>
<tr><td colspan="6">目的地址（128位）</td></tr>
</table>

图 3-7　IPv6 报头格式

3. IP 层网络安全

IPv6 要求强制实施安全协议 IPSec(Internet Protocol Security)并已将其标准化。IPSec 在 IP 层可实现数据源验证、数据完整性验证、数据加密、抗重播保护等功能，支持验证头协议(Authentication Header，AH)、封装安全性载荷协议(Encapsulating Security Payload，ESP)和密钥交换 IKE 协议(Internet Key Exchange)，这 3 种协议将是未来互联网的安全标准。

4. 无状态自动配置

IPv6 通过邻居发现机制能为主机自动配置接口地址和默认路由器信息，使得从互联网到最终用户之间的连接不经过用户干预就能够快速建立起来。IPv6 在 QoS 服务质量保证、移动 IP 等方面也有明显改进。

中国从 1998 年开始下一代互联网研究。1998 年 4 月，中国教育和科研计算机网 CERNET 建立中国第一个 IPv6 试验网。1999 年 5 月，CERNET 正式接入全球性 IPv6 研究和教育网 6REN。2000 年 3 月，中国正式与国际下一代互联网签署互联协议。2001 年 3 月，中国首次实现了与国际下一代互联网的互联。2003 年 8 月，国务院批复启动“中国下一代互联网示范工程 CNGI”。2004 年 3 月，中国第一个下一代互联网主干网——CERNET2 试验网在北京正式开通并提供服务，标志着中国下一代互联网建设的全面启动。CERNET2 是中国下一代互联网示范工程最大的核心网，也是唯一的全国性学术网。CERNET2 主干网采用 IPv6 协议。

3.4 窄带物联网的应用层

应用层是窄带物联网和用户的接口,将窄带物联网技术与专业技术相融合。应用层是物联网运行的驱动力,提供服务是物联网建设的价值所在。它与行业需求结合,实现窄带物联网的智能应用。应用层负责分析和处理各种数据,利用分析处理的感知数据为用户提供丰富的特定服务。应用层是窄带物联网发展的目的。窄带物联网的应用可分为控制型、查询型、管理型和扫描型等,可通过现有的手机、计算机等终端实现广泛的智能化应用解决方案。应用层的核心功能在于站在更高的层次上管理、运用资源。感知层和传输层将收集到的物品参数信息汇总在应用层进行统一分析、挖掘、决策,用于支撑跨行业、跨应用、跨系统之间的信息协同、控制、共享、互通,提升信息的综合利用度。应用层对物联网的信息进行处理和应用,面向各类应用,实现信息的存储、数据的分析和挖掘、应用的决策等,涉及海量信息的智能分析处理、分布式计算、中间件等多种技术。

第4章 窄带物联网中的流程

4.1 窄带物联网移动性管理流程

小区选择流程：窄带物联网中的小区选择流程与准则在传统 LTE 小区选择流程上进行了适度的简化，不支持基于优先级的小区重选，只支持系统内小区重选，不支持系统间 Inter-RAT 小区重选，终端不支持紧急拨号功能。

小区选择准则：窄带物联网的终端选择初始驻留小区同时满足两个条件。

（1）Squal：Qqualmeas－q－QualMin－rl3＞0。

（2）Srxlev：Qrxlevmeas－q－RxLevMin－rl3＞0。

其中，q－QualMin－rl3 和 q－RxLevMin－rl3 在 SIB1-NB 中广播给终端，默认值分别是－34dB 和－70×2dBm＝－140dBm。

窄带物联网小区重选测量准则是基于当前服务小区的信号强度变化而定的。如果当前服务小区信号强度大于指定门限，那么 UE 将不会启动测量流程；如果当前服务小区信号强度小于或等于指定门限或者没有广播给 UE，那么 UE 就会启动测量流程；如果当前服务小区信号强度大于指定门限，那么 UE 将不会启动测量流程；如果当前服务小区信号强度小于或等于指定门限或者没有广播给 UE，那么 UE 就会启动测量流程。

小区重选准则：首先，测量到的同频或异频小区会根据小区选择准则，即是否满足 $S_{Non\text{-}rxlev}$：$Q_{Rxlevmeas}$－q－RxLevMin－rl3＞0

进行初始排除。终端会把经过排除过后的同频和异频小区根据信号强度进行排序,选择其中一个信号最强的小区作为重选目标小区。这个目标小区的信号强度必须在指定时间内持续大于当前服务小区的信号强度,终端才会最终重选驻留到该候选小区。系统内同频和异频相邻小区信息分别通过 SIB4-NB 和 SIBS-NB 广播给终端。

4.2 RRC 连接管理流程

4.2.1 窄带物联网协议栈

窄带物联网协议栈基于 LTE 简化,减少了协议栈处理流程的开销,降低了终端功耗和成本。它对空口协议栈功能进行的简化有:删除了 SRB2;定义信令无线承载 SRB1bis,如图 4-1 所示;在支持用户面优化模式下每个终端最多可以建立两个 DRB;RLC 层不支持 UM 模式;MAC 层同时只支持一个 HARQ 进程;下行数据调度是跨子帧的;物理层支持新的同步信号(NPSS&NSSS)和参考信号(NRS)格式。

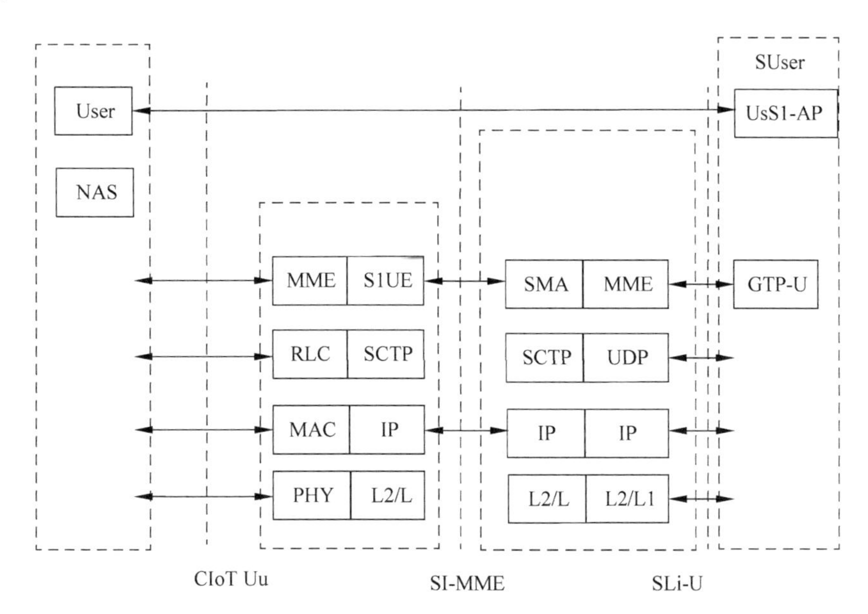

图 4-1 窄带物联网控制平面优化模式协议栈

窄带物联网用户平面协议栈如图 4-2 所示。

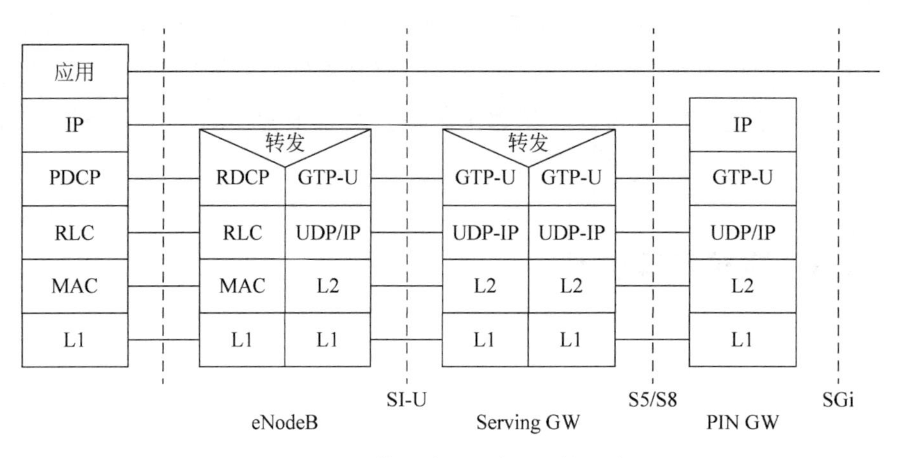

图 4-2　窄带物联网用户平面协议栈

4.2.2　RRC 状态转换

窄带物联网的 RRC 状态管理：当只支持控制面优化数据传输模式时，UE 侧和 eNode 侧仅有连接(RRC_已连接)和空闲(RRC_空闲)两种状态的转换，如图 4-3 所示。

图 4-3　控制面优化模式下 RRC 状态转换

当支持用户面优化数据传输模式时，UE 侧和 MME 侧分别定义 3 种状态：连接态、暂停态、空闲态。ECM 和 RRC 状态变迁流程如图 4-4 所示。

窄带物联网没有互操作的属性，终端无法切换、重定向及通过小区更换命令(cell change order)切换到 2G/3G 网络，窄带物联网的终端只具备 E-UTRA 状态，在连接态下不读系统消息，不发送任何信道反馈 CQI 信息(没有 QoS 管控)，不提供测量报告(measurement reporting)。

4.2.3　RRC 消息列表

表 4-1 为窄带物联网空口所用到的 RRC 消息。

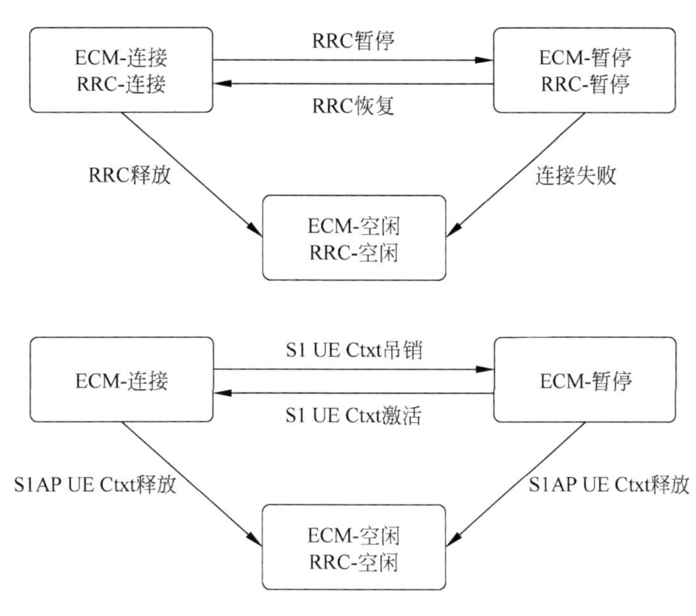

图 4-4 ECM 和 RRC 状态变迁流程

表 4-1 窄带物联网空口所用到的 RRC 消息

消息名称	消息方向	消息作用
DLInformationTransfer-NB	下行(DL：eNB→UE)	透明传输下行 NAS 层信令或用户数据
MasterInformationBlock-NB	下行(DL：eNB→UE)	—
Paging-NB	下行(DL：eNB→UE)	—
RRCConnectionReconfiguration-NB	下行(DL：eNB→UE)	修改 RRC 连接相关参数，建立 DRB，只在支持用户面优化方案中使用
RRCConnectionReconfigurationComplete-NB	上行(UL：UE→eNB)	只在支持用户面优化方案中使用
RRCConnectionReestablishment-NB	下行(DL：eNB→UE)	只在支持用户面优化方案中使用
RRCConnectionReestablishmentComplete-NB	上行(UL：UE→eNB)	只在支持用户面优化方案中使用
RRCConnectionReestablishmentReject-NB	下行(DL：eNB→UE)	只在支持用户面优化方案中使用
RRCConnectionReestablishmentRequest-NB	上行(UL：UE→eNB)	只在支持用户面优化方案中使用
RRCConnectionReject-NB	下行(DL：eNB→UE)	RRC 连接拒绝
RRCConnectionRelease-NB	下行(DL：eNB→UE)	RRC 连接释放

续表

消息名称	消息方向	消息作用
RRCConnectionRequest-NB	上行(UL：UE→eNB)	—
RRCConnectionResume-NB	下行(DL：eNB→UE)	只在支持用户面优化方案中使用
RRCConnectionResumeComplete-NB	上行(UL：UE→eNB)	只在支持用户面优化方案中使用
RRCConnectionResumeRequest-NB	上行(UL：UE→eNB)	只在支持用户面优化方案中使用
RRCConnectionSetup-NB	下行(DL：eNB→UE)	—
RRCConnectionSetupComplete-NB	上行(UL：UE→eNB)	—
SecurityModeCommand	下行(DL：eNB→UE)	协商加密和完整性保护算法及开始时刻
SecurityModeComplete	上行(UL：UE→eNB)	—
SystemInformation-NB	下行(DL：eNB→UE)	系统信息广播
SystemInformationBlockType1-NB	下行(DL：eNB→UE)	—
UECapabilityEnquiry-NB	下行(DL：eNB→UE)	终端查询消息
UECapabilityInformation-NB	上行(UL：UE→eNB)	—
UEInformationRequest	下行(DL：eNB→UE)	基站向终端请求相关信息
UEInformationResponse	上行(UL：UE→eNB)	—
ULInformationTranfer-N≥B	上行(UL：UE→eNB)	透明传输下行 NAS 层信令或用户数据

4.2.4 RRC 连接建立流程

在窄带物联网中，RRC 连接请求中的 Establishment Complete 里没有 delay Tolerant Access；在 Establishment Cause 中，UE 说明支持单频或多频的能力；在 RRC 连接建立完成消息中，UE 报告是否支持 EPS 用户平面优化功能。图 4-5 为初始 RRC 连接建立流程。

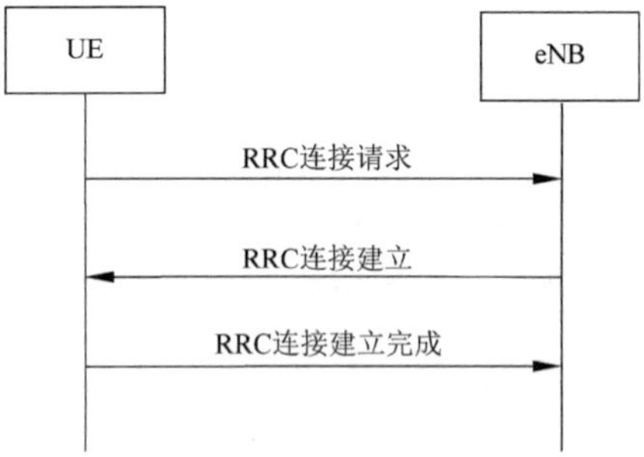

UE 和网络侧都支持用户面优化数据传输流程，图 4-6 为 RRC 初始连接建立流程，包括随机接入步骤和 RRC 连接重配置流程来建立 DRB。

图 4-5　初始 RRC 连接建立流程

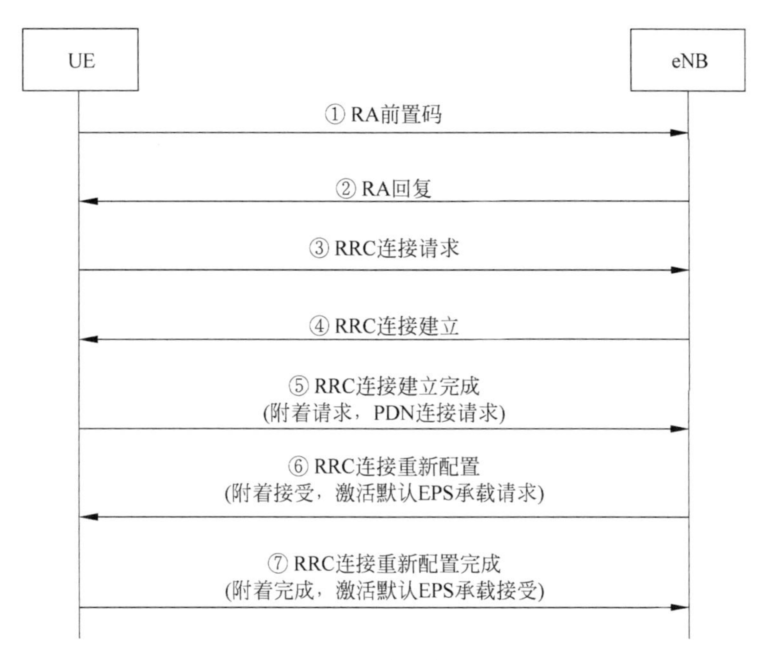

图 4-6　RRC 初始连接建立流程

4.2.5　RRC 连接暂停流程

在 RRC 连接建立完成消息里，UE 会报告它是否支持 EP 用户平面优化数据传输模式，是否支持 RRC 连接暂停(RRC Connection Suspend)和 RRC 连接恢复功能(RRC Connection Resume)，RRC 连接暂停也称 RRC 连接挂起。

如果终端支持 EPS 用户平面优化数据传输模式，网络侧也支持，网络侧和终端都没有数据需要发送，基站就会触发 RRC 连接暂停流程。RRC 连接暂停流程仅针对已建立的用户面数据无线承载(DRB)的情况，至少一个 DRB 成功建立之后，暂停流程才能够执行。

图 4-7 所示的是 RRC 连接暂停流程，它是由 RRC Suspend 消息触发引起的。

图 4-8 所示的是由 RRC Release 消息触发引起的 RRC 连接暂停流程。

4.2.6　RRC 连接恢复流程

由于基站可以通过 Resume ID 来识别终端上下文等保存信息，所以当用户数据有再次传输的需要时，只要在 RRC 连接恢复请求中携带 Resume ID，就可以在不用发起业务请求流程的前提下快速建立激活 DBR 和 EPS 来承载发送数据，这是利用已识别的存储信息来完成的。RRC 连接恢复流程如图 4-9 所示。

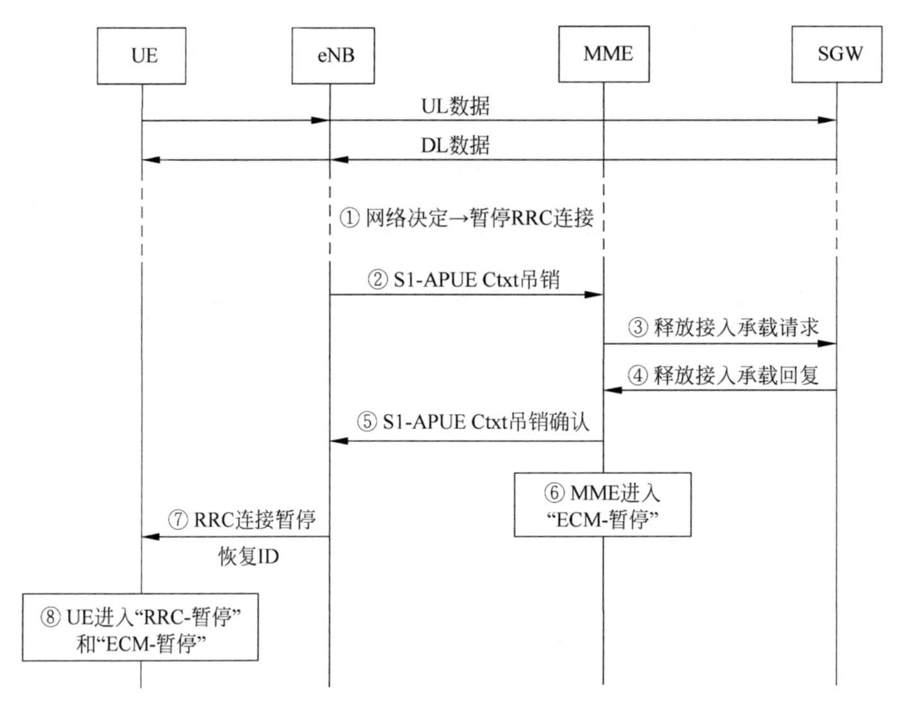

图 4-7　由 RRC Suspend 消息触发引起的 RRC 连接暂停流程

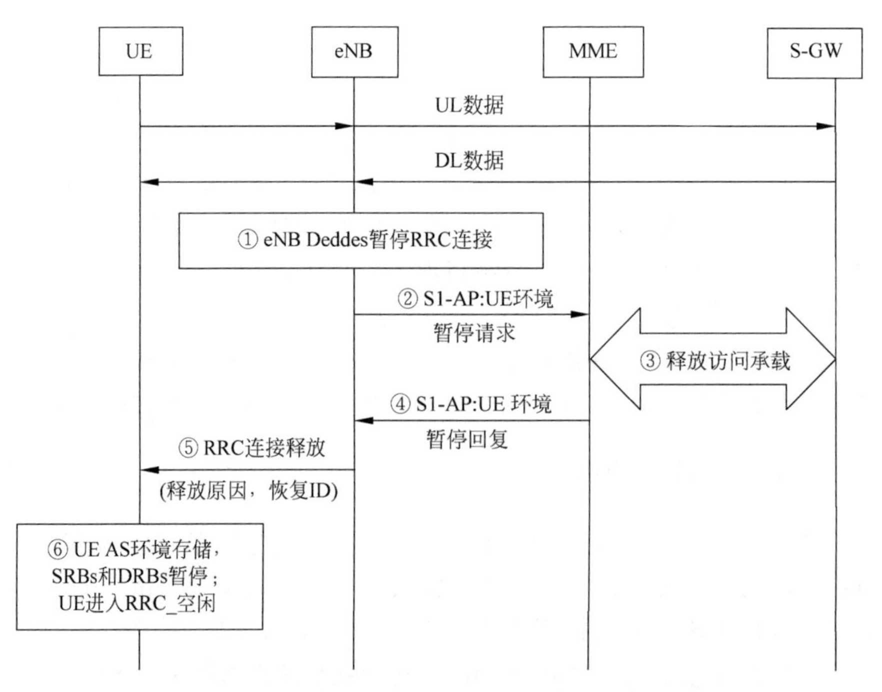

图 4-8　由 RRC Release 消息触发引起的 RRC 连接暂停流程

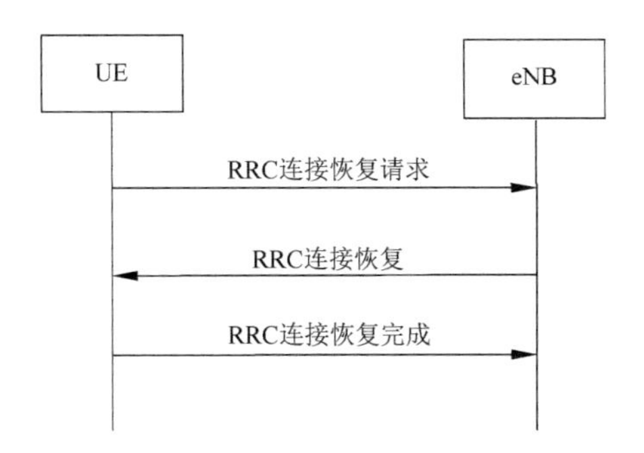

图 4-9　RRC 连接恢复流程

MO RRC 连接恢复流程如图 4-10 所示，是 UE 主动发送的 MO RRC Connection Resume 流程。

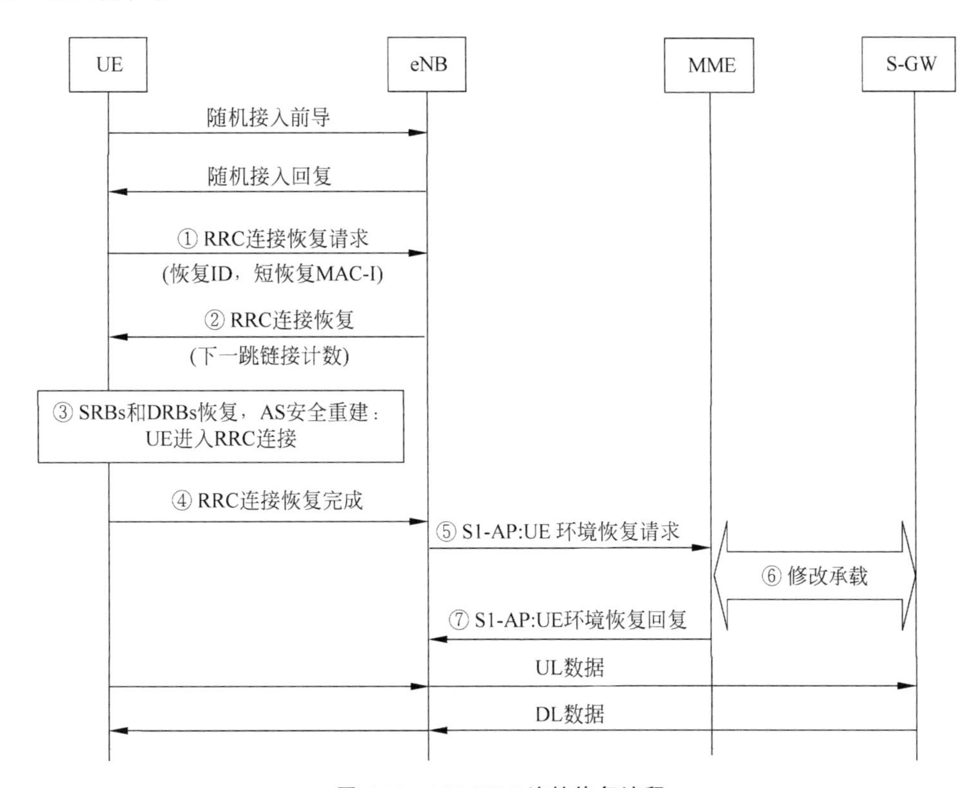

图 4-10　MO RRC 连接恢复流程

MT RRC 连接恢复流程如图 4-11 所示，是由寻呼请求发起的 MT RRC Connection Resume 流程。

RRC 连接恢复失败回落流程如图 4-12 所示。

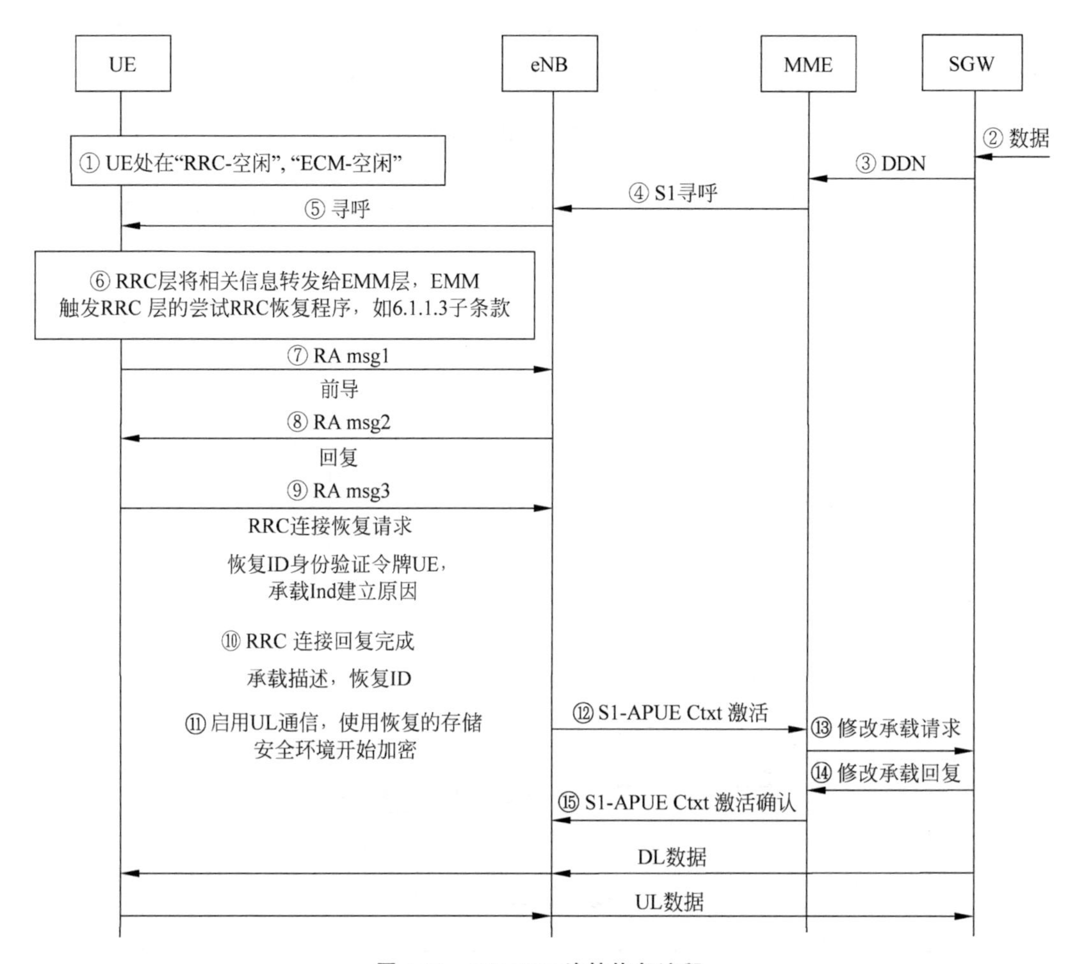

图 4-11　MT RRC 连接恢复流程

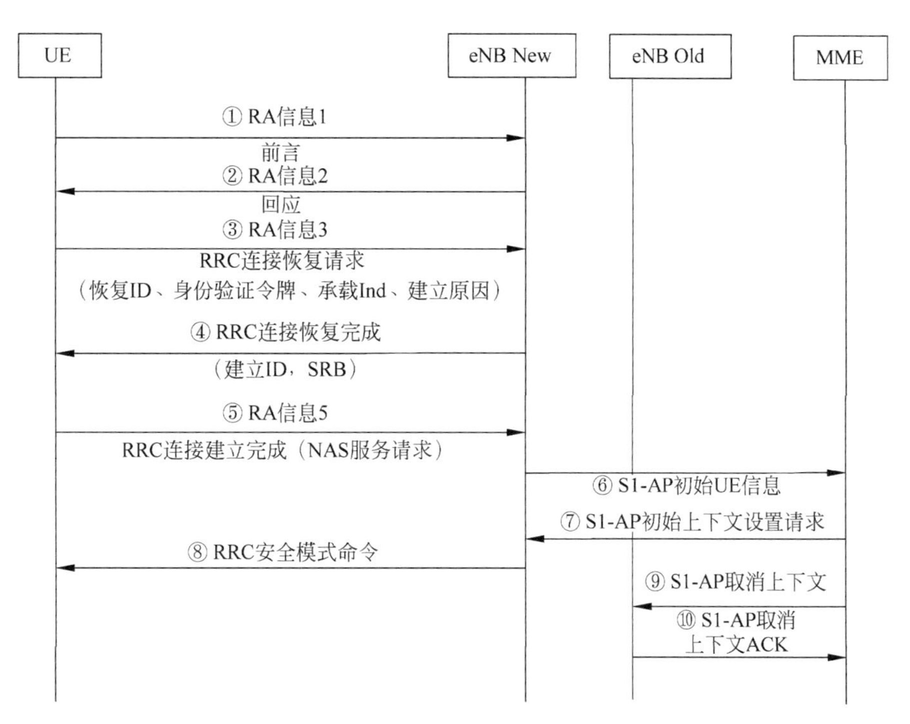

图 4-12　RRC 连接恢复失败回落流程

4.3　窄带物联网系统信息流程

4.3.1　系统信息分类

窄带物联网经过简化，去掉了一些对物联网不必要的 SIB，只保留了 8 个系统信息类型。Main Info Block(MIB-NB)：34bit，PCI，Freq，SFN。SIBType1-NB：小区接入和选择，其他 SIB 调度信息。SIBType2-NB：无线资源分配信息。SIBType3-NB：小区重选信息。SIBType4-NB：Intra-frequency 的邻近 Cell 相关信息。SIBType5-NB：Inter-frequency 的邻近 Cell 相关信息。SIBType14-NB：分类别接入禁止(Class Access Barring)信息。SIBType16-NB：GPS 时间/世界标准时间信息。

4.3.2　MIB-NB 信息调度

MIB-NB 传输块大小为 33bit，具体各参数 bit 分配见表 4-2。

表 4-2　MIB-NB 传输块含义及大小

参数名称	参数含义	取值范围(bit size)	推荐值
SystemFrameNumber-MSB-r13	系统帧号高 4 位	4	—
HyperSFN-LSB-r13	超帧号最低 2 位,用于终端在 eDRX 下计算寻呼时刻(PF/PO)	2	—
SchedulingInfoSIB1-r13	SIB1-NB 发送重复次数	4{8,16,32}	0(8)
SystemInfoValueTag-r13	系统信息改变标志	5	—
Ab-Enabled-r13	接入类别控制使能开关	1	0(false)
OperationModeInfo-r13	窄带物联网部署模式	5,{Inband-SamePCI-NB, Inband-DifferentPCI-NB, Guardband-NB, Standalone-NB}	3(Standalone-NB)
Spare	保留	11	—

MIB-NB 中仅发送 SFN 的最高 4 位,剩下 6 位通过扰码区分(64 个无线帧位置),即通过扰码盲检来得到 640ms 的边界。发送 MIB-NB 的周期即 TTI 等于 640ms,占用 64 个无线帧的子帧 0,每 80ms 为一个 block,NPBCH 时域调度规则如图 4-13 所示。

在每 80ms 内,200bit 信息采用 QPSK 调制后为 100 个 RE,映射到第一个子帧 0,后面 7 个子帧 0 重复这个子帧的内容,8 个子帧 0 的数据是完全相同的。

4.3.3　SIB1-NB 信息调度

MIB、SIB 消息在 NPDSCH 信道上发送。SIB1-NB 时域发送周期固定为 256 个无线帧,即 2560ms;SIB1-NB 信息一共占用 8 个子帧长度;在 SIB-NB 的一个传输周期内,SIB-NB 传输块可以被重复传输 4 次、8 次或 16 次;SIB1-NB 在每隔一个无线帧的子帧 4 上发送,如果 A 在无线帧 0 的子帧 4 上发送,那么 B 就在无线帧 2 的子帧 4 上发送,C 在无线帧 4 的子帧 4 上发送,SIB1-NB 单次发送一共持续 16 个无线帧时间,即 160ms;16 个无线帧根据其重复次数均匀分布在 256 个无线帧周期内,SIB1-NB 时域重复规则如图 4-14 所示,发 SIB-NB 的起始无线帧位置由小区 PCI 推导得到。

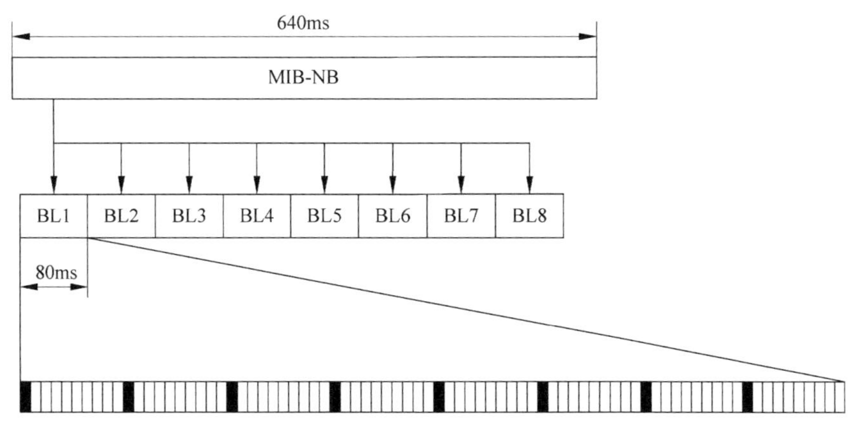

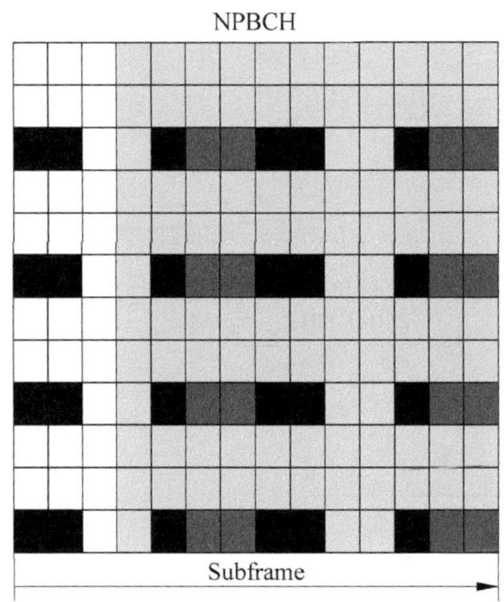

图 4-13 NPBCH 时域调度规则

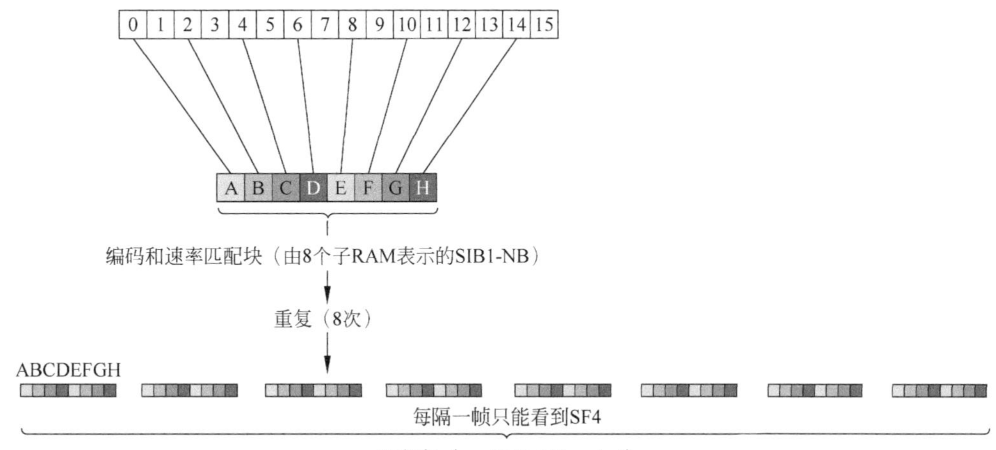

图 4-14 SIB1-NB 时域重复规则

4.3.4 SIBx-NB 信息调度

除了 SIB1-NB 消息，其余 SIBx 的调度信息都在 SIB1-NB 中携带，UE 必须首先读取 MIB-NB 获得 SIB1-NB 调度信息，进而才能读取 SIB1-NB 中携带的 SI (Schduling Information)。SIB1-NB 中可以携带一个或多个 SI，而每个 SI 也可以包含一个或多个 SIB，最后才能解读其余 SIBx-NB 系统信息。SIBx-NB 系统信息块调度关系如图 4-15 所示。

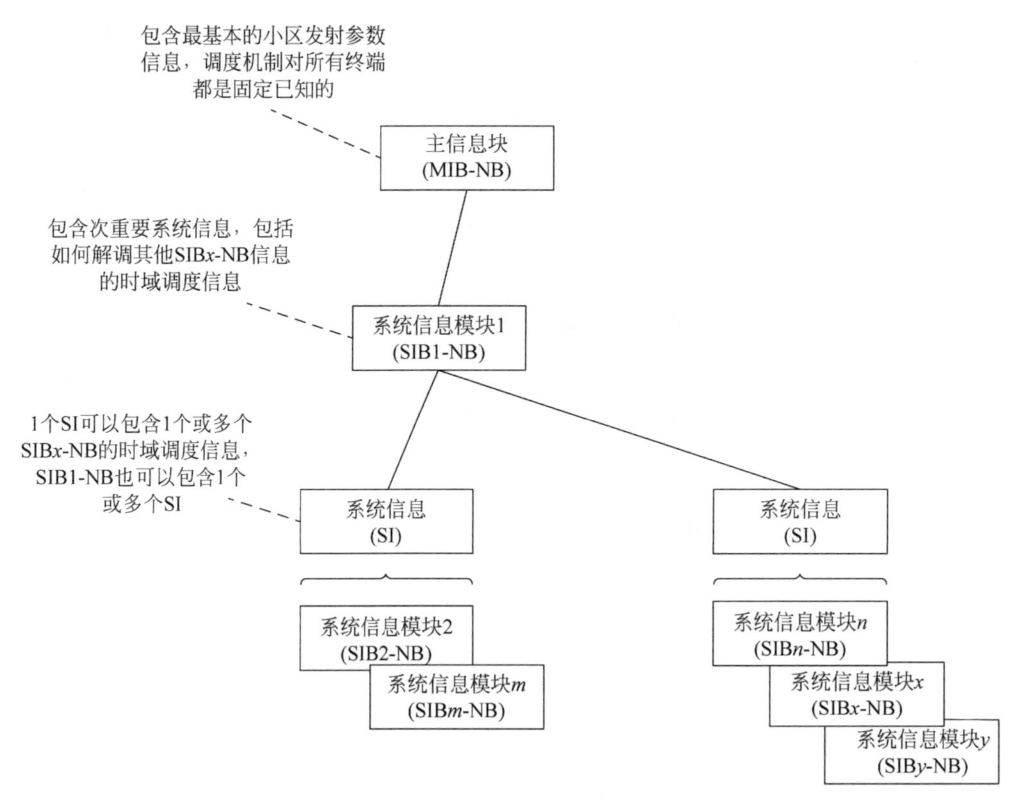

图 4-15　SIBx-NB 系统信息块调度关系

4.3.5 SIBx-NB 信息更新

终端开机时会依次解调窄带物联网相关信道，读取所有的系统信息并保存下来。当终端正常驻留到某个窄带物联网的小区并进入空闲状态(待机状态)以后，终端一般不会实时解调广播信道而获取最新系统信息，以节省电量。当处于 RRC 连接状态下时，如果系统信息发生了改变，基站会通过以下两种方式实时通知 UE

系统信息发生了变化。

(1) 寻呼消息(Paging),该消息包含一个 System Info Modification 字段,用于指示系统信息是否发生了变化。

(2) MIB-NB 中的 System Info Value Tag 字段,每当系统信息发生变化时,System Info Value Tag 的值会加 1。

4.4 窄带物联网随机接入流程

当终端根据自己所支持的频段和工作模式,通过小区搜索和小区选择过程驻留到某个合适的窄带物联网小区并进入到空闲状态后,当需要进行数据发送或收到寻呼时,就会启动随机接入流程。

4.4.1 随机接入等级

为了提高终端单次随机接入成功率,窄带物联网最多配置了 3 个不同的覆盖增强接入等级。发送随机接入前导之前,窄带物联网的终端首先会通过测量 NRS 来获取小区下行信号强度值,频域上只持续一个 PRB。UE 会测量多个子帧的 NRS,取平均值获得最终的 RSRP 值,然后将 RSRP 测量值和两个门限值 RSRP TH1 和 RSRP TH2 比较来决定 CE 等级,并指定 NPRACH 资源。基站会事先根据各个 CE 等级去配置相应的 NPRACH 资源,终端会相应地对发送的随机接入前导进行不同次数的重复。一旦随机接入前导发送失败,窄带物联网终端会再升级 CE 等级重新尝试,直到尝试完所有 CE 等级对应的 NPRACH 资源为止,接入等级流程如图 4-16 所示。

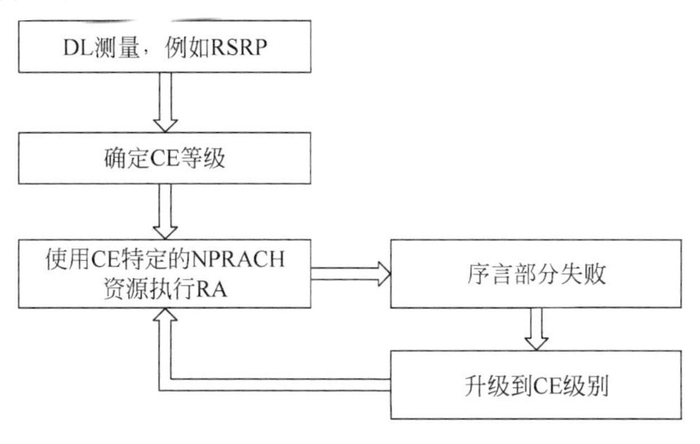

图 4-16 NPRACH 接入等级流程

4.4.2 随机接入时序

窄带物联网的随机接入流程由 MSG1、MSG2、MSG3、MSG4 这 4 步构成，NPRACH 随机接入时序关系如图 4-17 所示。当窄带物联网基站接收到 MSG1 后，会根据 NPRACH 信道测量结果决定选择配置 NPUSCH 的子载波类型(3.75kHz 或 15kHz)，并通过 MSG2-RAR 随机接入响应消息通知终端所选择的子载波类型及其他必需的上行调度信息，UE 进而可以发送 MSG3。

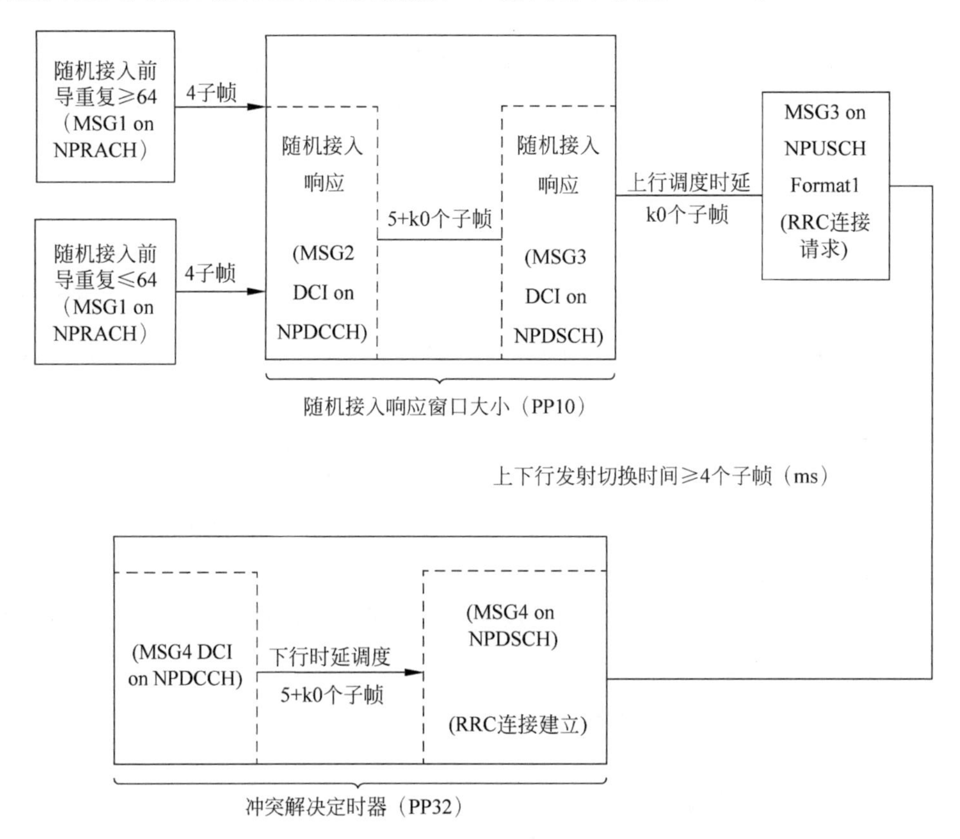

图 4-17 NPRACH 随机接入时序关系

4.4.3 随机接入步骤

当 UE 成功驻留到某窄带物联网的小区后，它会读取全部系统信息并保存。

1. 基于竞争的窄带物联网随机接入步骤

UE在窄带物联网网络发起的基于竞争的随机接入流程如图4-18所示。

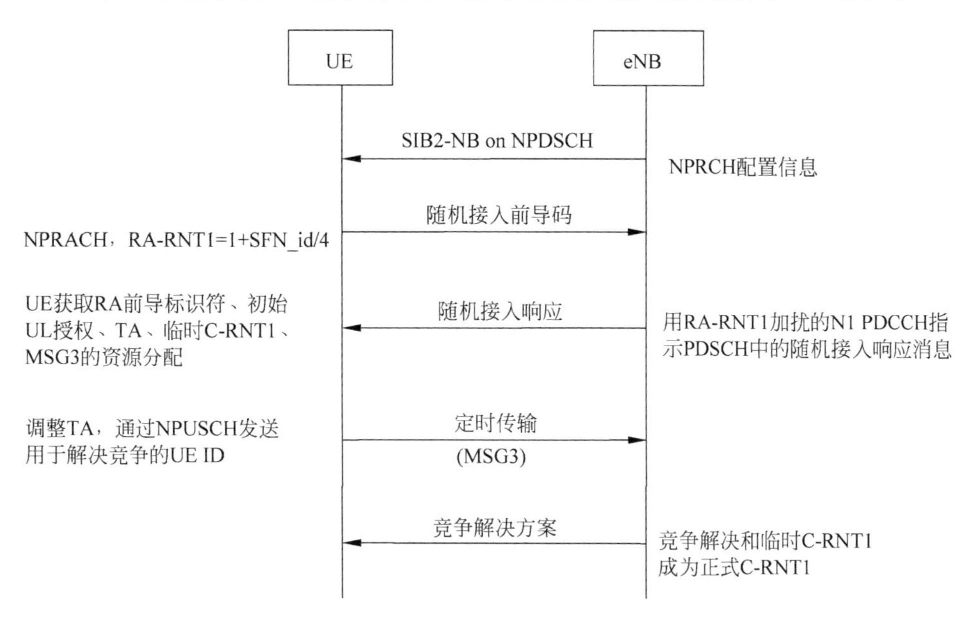

图4-18 基于竞争的随机接入流程

(1) UE发送MSG1-前导(Preamble)：当UE有上行数据要发送时，UE会发送随机接入前导(Random Access Preamble)给eNodeB，使得eNodeB能估计其与UE之间的传输时延，并以此校准上行链路定时(Uplink Timing)。

(2) UE接收MSG2-RAR(Random Access Response)：UE发送了Preamble之后，会在RAR时间窗内使用RA-RNTI值来监听NPDCCH，获取MSG2对应的调度信息DCI，进而解调NPDSCH信道，获取RAR即MSG3对应的调度信息DCIO，如果多个UE碰巧都选用相同的时频资源发送Preamble，则同一个RA-RNTI对应PDSCH MAC PDU可能复用多个UE的随机接入响应，MAC PDU头域中的多个子头域包含每个UE对应的RAPID (6bit)，即UE选择发送的Preamble Index，见图4-19。

(3) UE发送MSG3：如果UE在子帧n成功地接收了自己的RAR，则它会在收到RAR之后再过k0个子帧在NPUSCH Format1上发送MSG3，采用HARQ方式，MSG3调度时延k0动态可配。

(4) UE接收MSG4-冲突解决(Contention Resolution)：UE发送完MSG3后，会使用在MSG3中携带的唯一的标志信息来监听解调NPDCCH，成功后再解调相

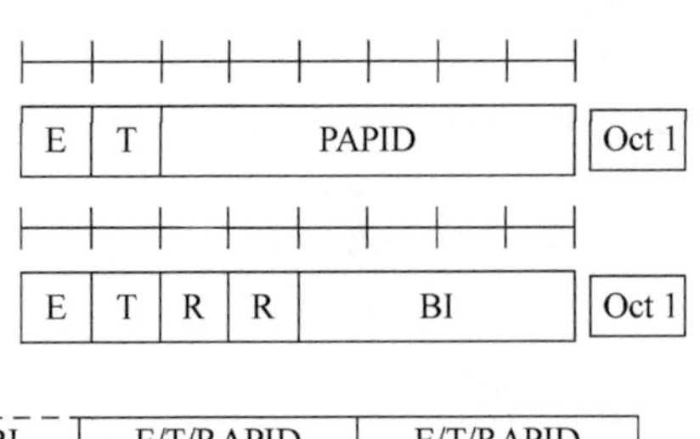

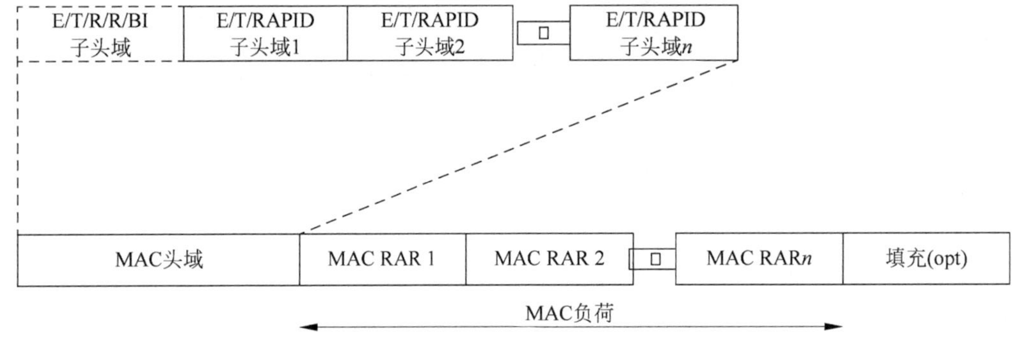

图 4-19　MAC RAR 头域指示

应的 NPDSCH 以获取 MSG4 内容。UE 在 MSG3 中携带自己唯一的标志：临时 C-RNTI 或来自核心网的 UE 标志。eNB 在冲突解决机制中，会在 MSG4 中携带该唯一的标志以指定胜出的 UE，而其他没有在冲突解决中胜出的 UE 将重新发起随机接入。

2. 基于非竞争的窄带物联网随机接入流程

基于非竞争的随机接入流程要发送的前导 ID 即子载波由基站通过 NPDCCH 指令告诉 UE，之后的步骤与基于竞争的随机接入流程相同，如图 4-20 所示。

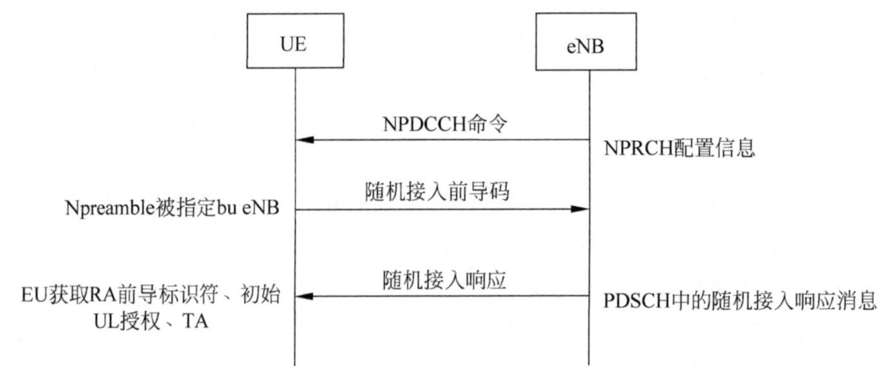

图 4-20　基于非竞争的随机接入流程

4.5 窄带物联网附着流程

终端在窄带物联网网络中的附着流程有：RRC连接建立流程、鉴权流程、NAS层安全模式流程、PDN连接建立流程(可选)、默认EPS承载S1-U或S11-U/S5-U激活流程。

如果只支持控制面功能优化数据传输模式，则没有DRB建立流程，没有RRC连接重配置流程(RRC Connection Reconfiguration)，见图4-21。

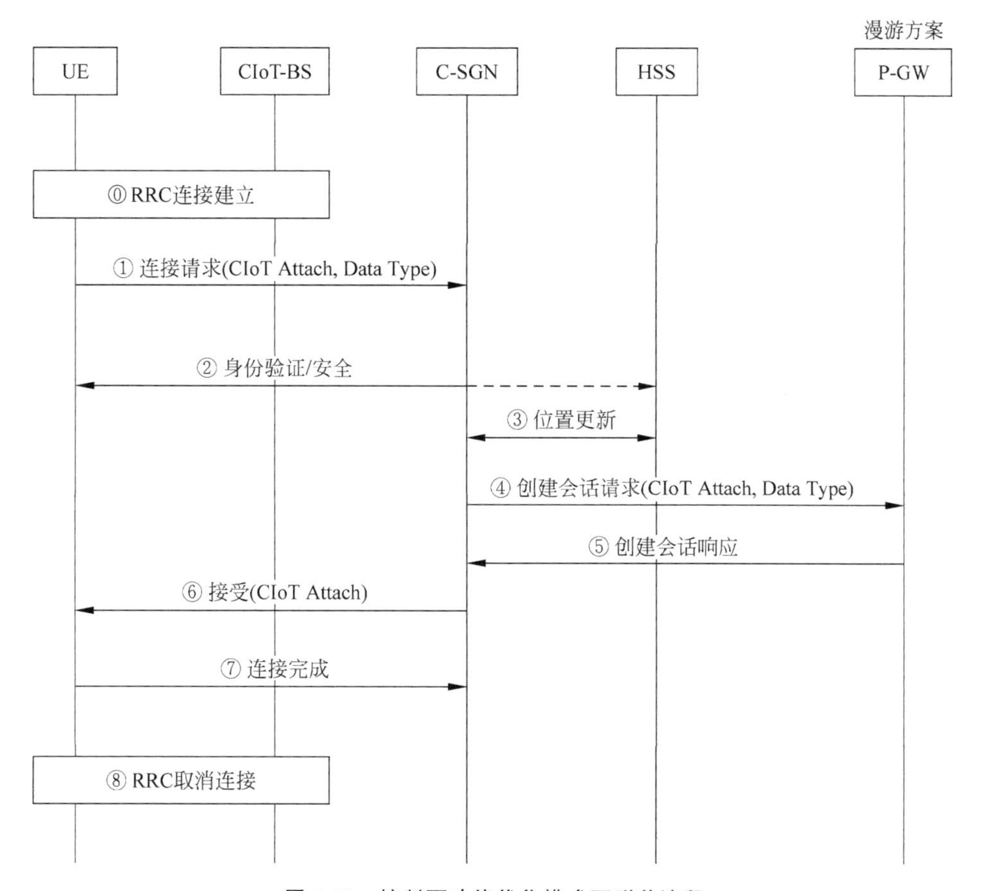

图4-21 控制面功能优化模式下附着流程

如果支持用户面功能优化数据传输模式下的附着流程，则多出一个DRB建立流程，多一个RRC连接重配置流程，如图4-22所示。

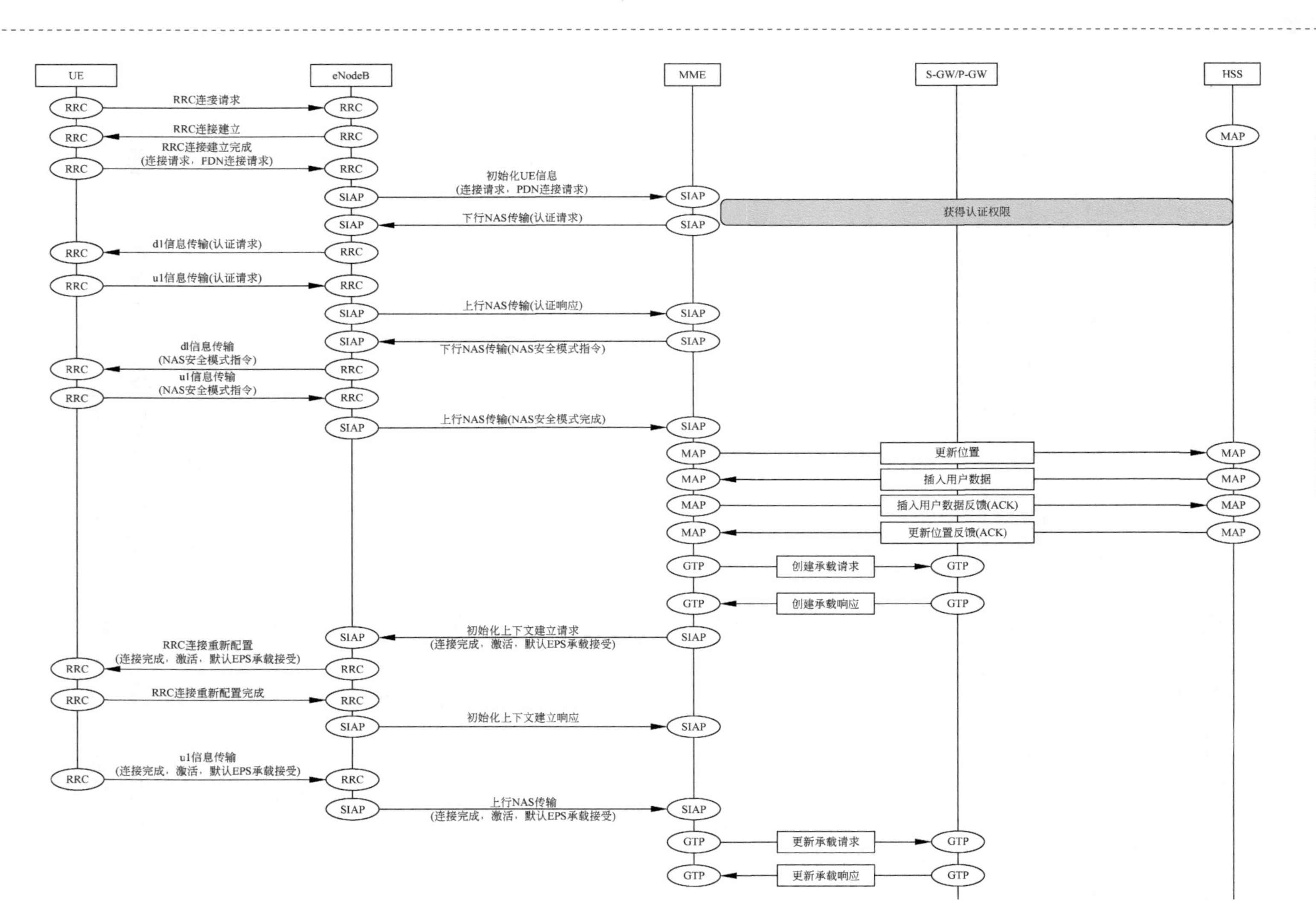

图 4-22　用户面功能优化数据传输模式下附着流程

4.6 窄带物联网多载波配置

4.6.1 窄带物联网载波类型

基于多载波配置，基站可以在一个小区里同时提供多个载波服务，这仅对带内部署模式有效。窄带物联网载波是提供 NPSS、NSSS 与承载 NPBCH 和系统信息的载波，其余配置的载波则称为非锚定载波。窄带物联网多载波配置如图 4-23 所示。

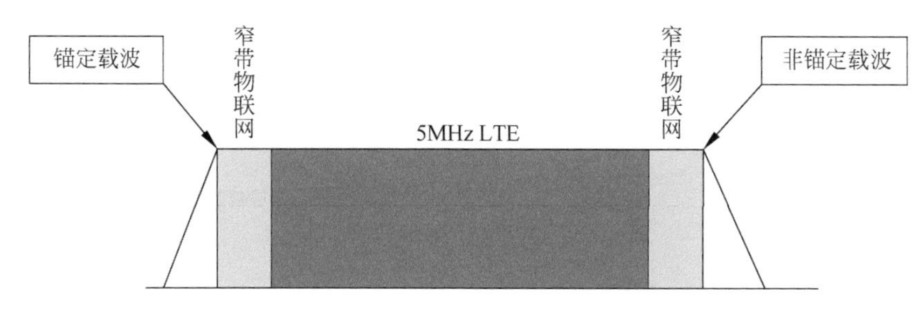

图 4-23 窄带物联网多载波配置

4.6.2 锚定载波配置

锚定载波(Anchor PRB)主要是针对带内部署模式的。锚定载波配置位置图如图 4-24 所示。

表 4-3 列出了在不同 LTE 小区带宽情况下所有锚定 PRB 配置索引值，其他没有出现在本表中的值不能作为锚定 PRB 的索引值。

锚定 PRB 只对下行信道有效，对上行信道不适用，上行对 PRB 位置是没有限制的，带内模式下，可以在 LTE 频带范围内任意选择。

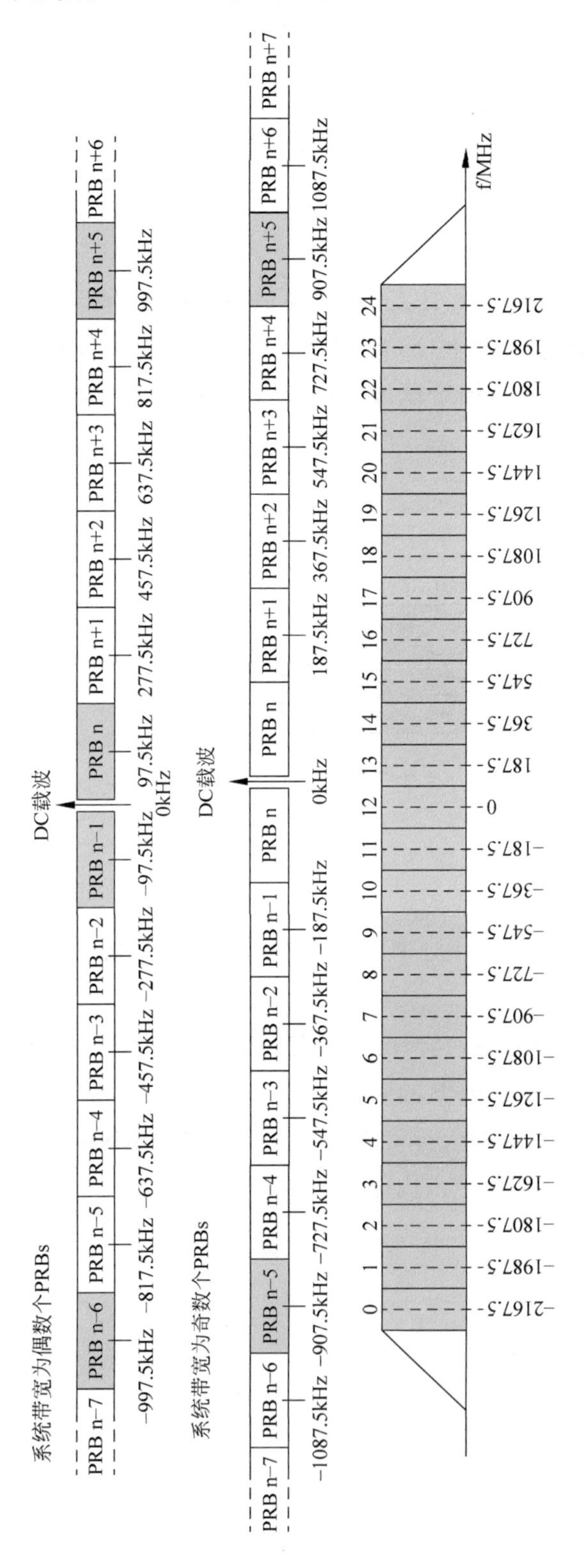

图 4-24 锚定载波配置位置图

表 4-3 不同 LTE 小区带宽情况下所有锚定 PRB 配置索引值

LTE 小区带宽	1.4MHz	3MHz	5MHz	10MHz	15MHz	20MHz
LTE 小区 PRB 总数	6	15	25	50	75	100
锚定 PRB 索引（2.5kHz 偏移）	N/A	N/A	N/A	4,9,14.19,30.35,40.45	N/A	4.9.14,19,24.29,34,39,44,55,60.65.70,75,80,85.90,95
锚定 PRB 索引（7.5kHz 偏移）	—	2,12	2.7,17,22	—	2,7.12,17,22.27,32,42,47,52.57,62,72	—

第5章 窄带物联网数据传输

窄带物联网定义了两种数据传输模式：控制平面功能优化数据传输方案(Control Plane CIoT EPS Optimization)，对窄带物联网的终端和网络都是必须支持的；用户平面功能优化数据传输方案(User Plane CIoT EPS Optimization)，对窄带物联网的终端和网络是可选支持的。

窄带物联网引入了User Plane CIoT EPS Optimizations技术，窄带物联网用户数据传输路径如图5-1所示，虚线表示CIoT EPS控制面功能优化方案用户数据传输路径，实线表示CIoT EPS用户面功能优化方案用户数据传输路径。

物联网数据传输方式有5种。

(1) 控制平面优化传输方式1 (Control Plane CIoT EPS Optimization l)。物联网用户数据封装在NAS PDU里，在UE和eNodeB之间通过RRC消息即DL/ULInformation Transfer-r13进行传输，在eNodeB和MME之间通过SI-MME接口S1-AP消息即DL/ULNAS Direct Transfer进行传输。MME直接把物联网数据提取出来，通过T6a接口(Diameter协议)发送给业务能力扩展功能模块SCEF (Service Capability Extended Function)，SCEF最后把物联网数据转发给第三方应用服务器。这种数据传输模式只适用于Non-IP数据传输。

(2) 控制平面优化传输方式2 (Control Plane CIoT EPS Optimization 2)。物联网数据在UE和MME之间的传输同方式1，但是在MME和SGW之间新增SII-U接口 (GTP-U协

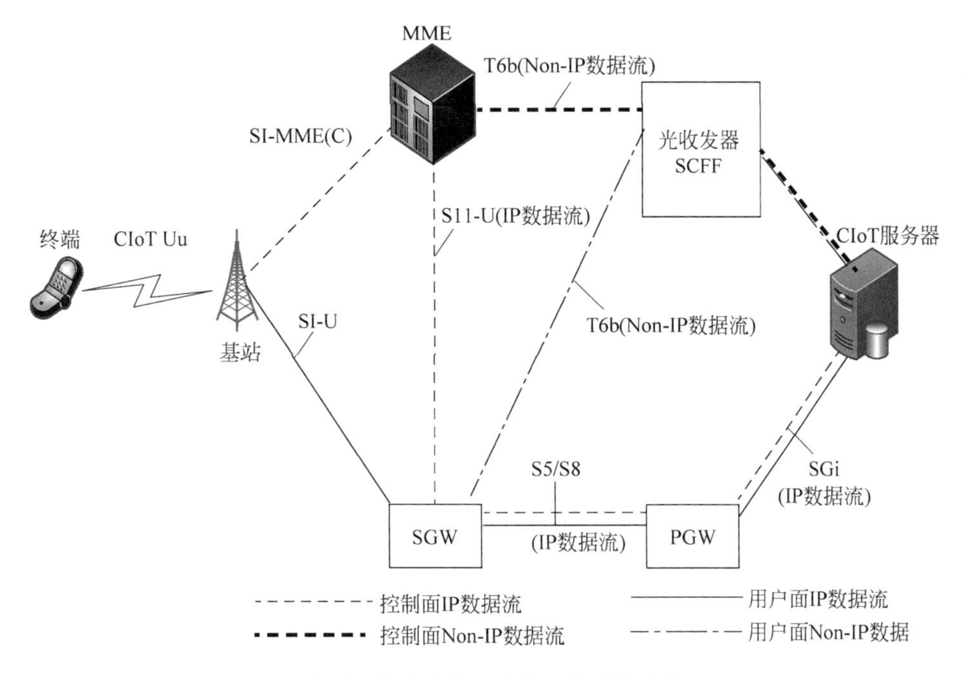

图 5-1 窄带物联网用户数据传输路径

议),传统 EPC 里 SII 接口只有控制面的,针对物联网新增了用户面 SII-U 接口,MME 接收到物联网数据后会通过 SII-U 接口转发给 SGWO,这种传输方式同时支持 Non-IP 和 IP 数据传输。针对 Non-IP 数据,数据到了 SGW 需要利用隧道技术进行封装并通过 T6b 接口转发给 SCEF 再到第三方应用服务器。针对 IP 数据就简单了,同传统 LTE 网络一样直接转发给 PGW 就可以了,PGW 最后通过 SGi 接口转发给第三方应用服务器。这种数据传输方式适用于 IP 数据传输。

(3) 用户平面优化传输方式 1 (User Plane CIoT EPS Optimization l)。本方案的数据传输方式与传统 LTE 网络大致相同,首先通过 SI-U 接口将物联网数据传输至 SGW,而后使用隧道技术对 SGW 提取出的用户数据进行封装,再将其经由 T6b 接口转发至 SCEF,最后传输给第三方应用服务器。此数据传输方式下,T6b 接口转发给 SCEF 再到第三方应用服务器。

(4) 用户平面优化传输方式 2 (User Plane CIoT EPS Optimization 2)。本方案与传统 LTE 网络数据传输方式完全相同,首先通过 SI-U 接口将物联网数据传输至 SGW,而后经由 S5/S8 接口传输至 PGW,最后 PGW 再将数据封装并通过 SGi 接口转发至第三方应用所处的服务器。此数据传输方式适用于 IP 数据传输。

(5) 短消息数据传输方式。传输物联网数据即SMS的数据传输方式,这也是一种传统控制面数据传输方式,只适合传输少量数据。基于SMS方式的数据传输方式又可以细分为两种:其一是SMS over SGs,该方式需要UE支持Combined EPS/IMSI方式的attach,同时MME配置支持同MSC的SGs接口,也就是SMS来自电路域;其二是SMS over SGd,该方式需要MME升级配置直接支持同SMS-center的SGd接口。

窄带物联网的数据传输方式由UE和MME之间协商确定,对于上行数据传输,由终端选择决定哪一种方案。对于数据接收方,由MME参考终端选择决定哪一种方案。

基站可以在数据传输流程中进行用户面和控制面传输的切换。

物联网数据到达MME后,由用户的签约信息决定MME是发给SCEF还是通过SII-U发给SGW。

5.1 SMS数据传输流程

1. 附着流程中单次SMS数据包传输

附着流程中伴随的单次MO SMS数据传输流程(Attach with MO SMS PDU)如图5-2所示,当UE高层有始发短消息数据包(MO SMS PDU)等待发送时,UE NAS层就会触发RRC连接建立流程来发送附着请求(Attach Request),步骤如下。

(1) 若UE试图发起一次附着流程并且使其不建立PDN连接,则首先需要发起附着类型为MO SMS Only的附着请求来通知网络侧,同时由终端始发的短消息数据包(MO SMS PDU)会被包含在该附着请求消息中等待发送。

(2) MME (C-SGN)识别出该特殊附着请求,随后发起鉴权流程。

(3) 当鉴权流程完成后,HSS会接收到由MME(C-SGN)发起的位置区更新请求,位置区更新原因将被标识为MO SMS Only。

(4) HSS查询终端用户是否签约可以发送SMS数据包,如果该终端被授权可以发送MO SMS类型数据包,则向MME (C-SGN)发送位置区更新应答消息,该消息会包含短消息中心地址信息(SMS-Center address)。

（5）网络侧（C-SGN or MME）在建立 DRB 的过程中，会通过触发 UE Context 上下文来建立流程，但不会触发 RRC 连接重配置流程（RRC Connection Reconfiguration Procedure）。

（6）网络侧（C-SGN or MME）发送附着拒绝消息（Attach Reject）给 UE，同时该消息还会附带指示告诉 UE 该始发短消息数据包（MO SMS PDU）已经收到。

（7）网络侧（C-SGN or MME）通过步骤（4）得到 SMS-Center 地址，转发该 MO SMS PDU 到对应的第三方窄带物联网应用服务器。

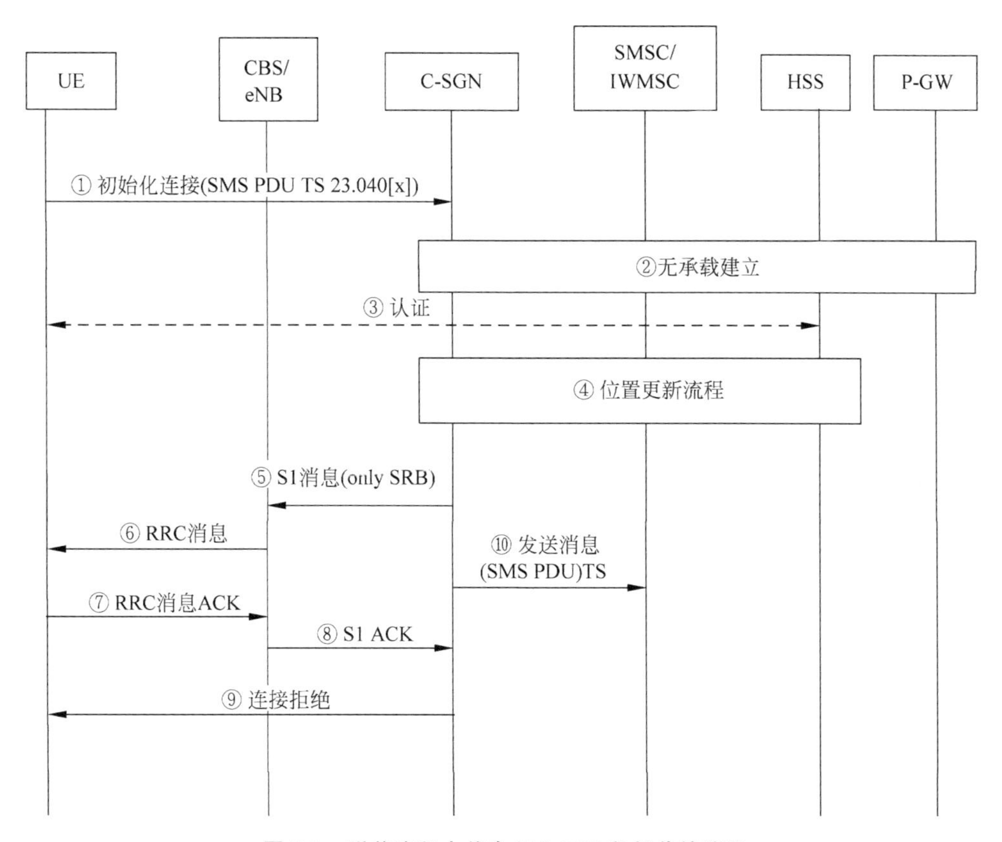

图 5-2　附着流程中单次 MO SMS 数据传输流程

附着流程伴随的单次 MT SMS 数据传输（Attach with MT SMS PDU）流程如图 5-3 所示。

附着流程伴随的单次 MT SMS 数据包传输的步骤与单次 MO SMS 数据包传输步骤相同，只是附着流程由寻呼请求触发。

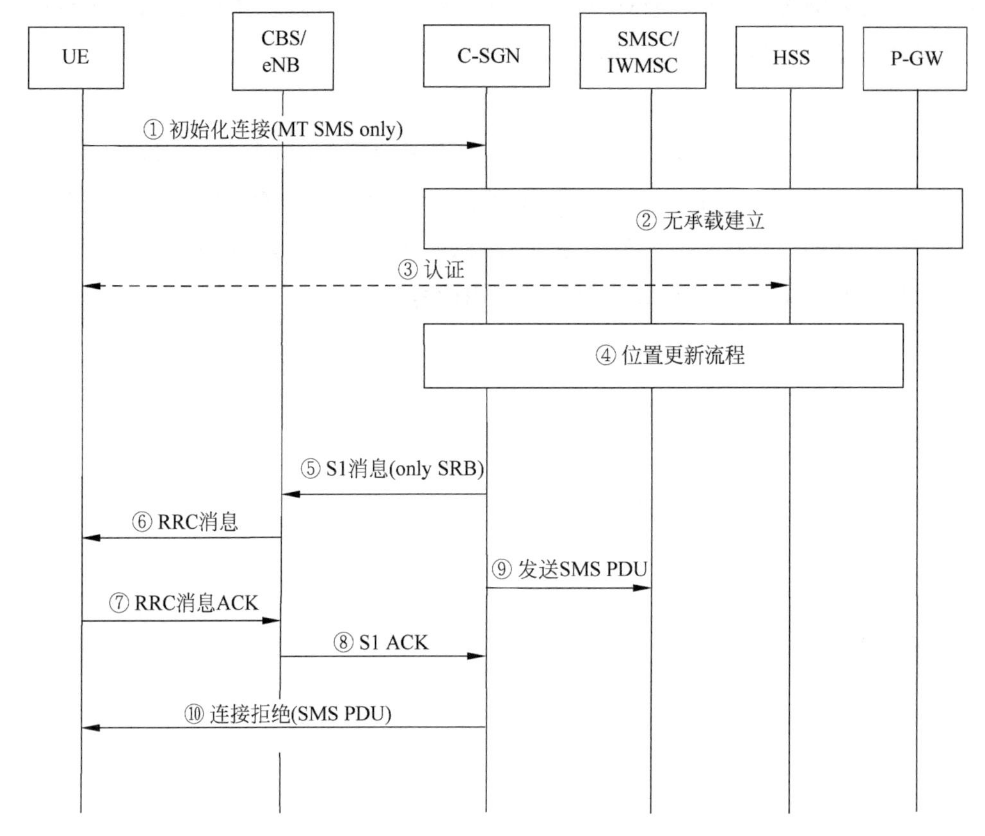

图 5-3　附着流程中单次 MT SMS 数据传输流程

2. 附着流程后多次 SMS 数据包传输

附着流程完成后多次 MT SMS 数据包传输流程（Attach with more MT SMS PDUs）如图 5-4 所示。UE 接收到寻呼消息并触发 RRC 连接建立流程，具体步骤如下。

(1) 当 UE 发起一次不需要建立 PDN 连接的附着流程时，首先通过发起附着类型为 MT SMS Only 的附着请求来通知网络侧，同时终端始发短消息数据包（MT SMS PDU）会被包含在该附着请求消息中以等待接收。

(2) 当 UE 发起的特殊附着请求被鉴别出以后，MME（C-SGN）将发起鉴权流程。

(3) 当鉴权流程完成后，MME（C-SGN）发起的位置区更新请求将被 HSS 接收到,位置区更新原因被标识为 MT SMS Only。

(4) HSS查询终端用户是否签约接收 SMS 数据包,如果该终端被授权可以接收 MT SMS 类型数据包,则向 MME(C-SGN)发送位置区更新应答消息,同时在该位置区更新应答消息中通知网络侧(C-SGN or MME)一共有 N 个 MT SMS PDU 数据包等待发送给 UE。

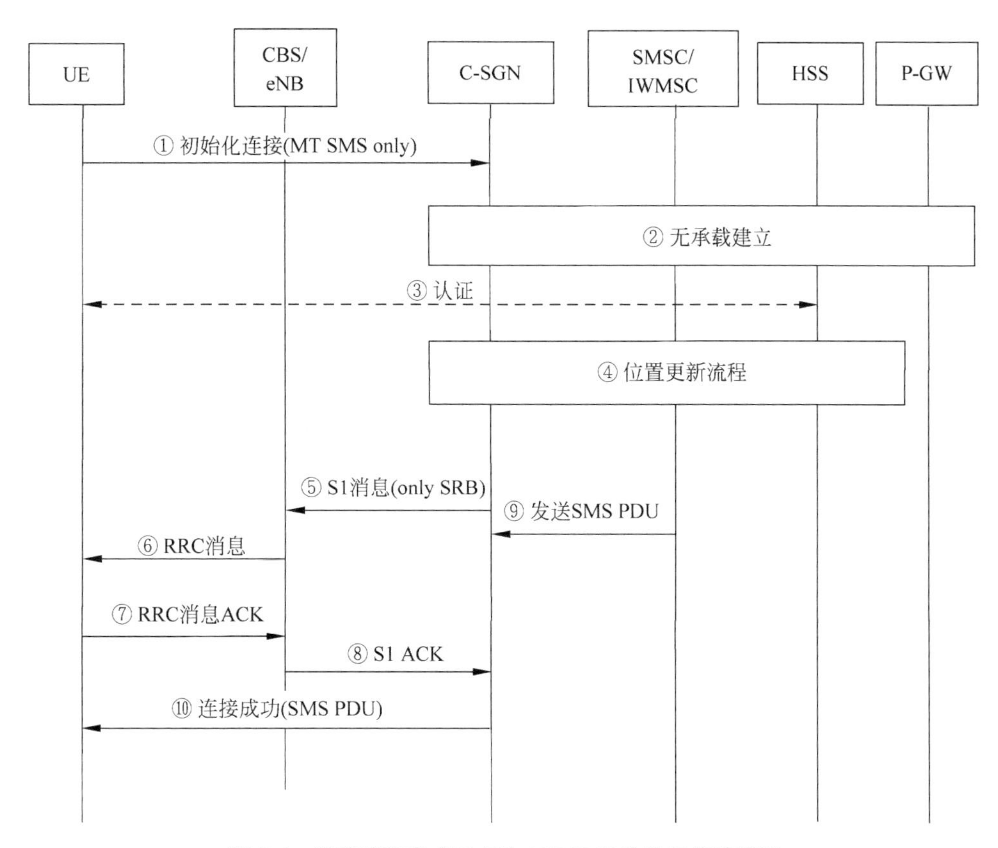

图 5-4　附着流程完成后多次 MT SMS 数据包传输流程

(5) 网络侧(C-SGN or MME)在建立 DRB 的过程中,会触发 UE Context 上下文建立流程,但不会触发 RRC 连接重配置流程(RRC Connection Reconfiguration Procedure)。

(6) HSS 通知短消息中心(SMS-center) UE 已经准备好可以接收 MT SMS PDU 了。

(7) 短消息中心(SMS-center)向 C-SGN or MME 依次发送 N 个 MT SMS PDU。

(8) C-SGN 或 MME 接收到从短消息中心(SMS-Center)转发过来的第 1 个 MT SMS PDU 后,就会向 UE 发送附着接受消息(Attach Accept),该附着接受消息会包含第 1 个 MT SMS PDU。

(9) UE 可以根据正常 MO/MT SMS 短消息收发流程来发送更多的 SMS 数据包。

(10) 当 UE 接收完全部的 MT SMS PDU,并且没有 MO SMS PDU 等待发送时,UE 会触发去附着请求(Detach Request)来结束本次多个 SMS 数据包的收发流程。

5.2 EPS 控制面数据传输

1. 概述

对于 CIoT EPS 控制面功能优化(Control Plane CIoT EPS Optimization),上行数据从 eNB (CIoT RAN)传送至 MME,传输路径分为两个分支。

(1) 通过 SII-U 接口和 SGW 传送到 PGW 再传送到应用服务器,用于在控制面上传送 IP 数据包。

(2) 通过 T6a 接口和 SCEF(Service Capability Exposure Function)连接到应用服务器(CIoT Server),SCEF 是专门为窄带物联网而引入的,用于在控制面上传送非 IP 数据包,并为鉴权等网络服务提供一个抽象的接口。

下行数据传送路径相反。

EPS 控制面优化数据传输方案不需要建立数据无线承载(DRB),数据包直接在信令无线承载(SRBI)上发送(Data over NAS,DoNAS)。

对于控制面功能优化数据传输模式(control Plane CIoT EPS Optimization),终端和基站间的数据交换在 RRC 上完成。

(1) 在 RRC 连接建立(RRC Connection Setup)消息中,包含了下行数据包。

(2) 在 RRC 连接建立完成(RRC Connection Setup Complete)消息中,包含了下行数据包。

(3) 如果数据量过大,RRC 不能完成全部传输,将使用下行消息传输(RRC DL Information Transfer)和上行消息传输(RRC UL Information Transfer),消息

继续传送,见图5-5。

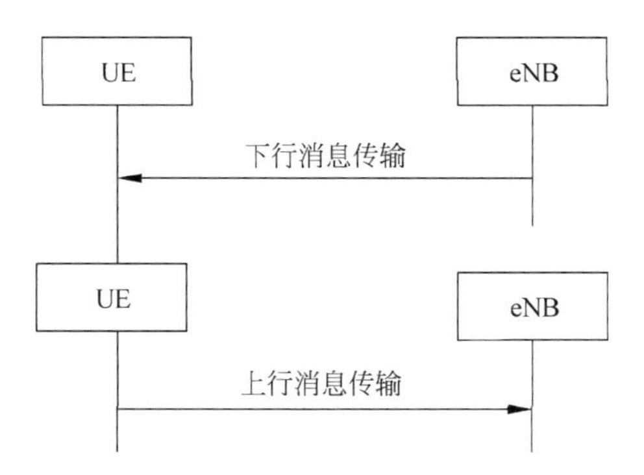

图5-5 控制面优化空口大数据量传输流程

2. 终端触发控制面数据传输流程

控制面优化模式MO数据传输流程如图5-6所示。

终端发起的上行数据传输步骤(MO Data over NAS)如下。

(1) 窄带物联网终端应用层有上行数据需要发送时,终端NAS层就会触发控制平面业务请求消息(Control Plane Service Request)。

(2) 如果终端当前处于RRC空闲状态,那么终端RRC层就会触发RRC连接建立流程来发送该业务请求消息给基站及核心网(MME)。

(3) 终端NAS层把上行用户数据进行加密发送给终端RRC层并发送给基站。

(4) 基站将SIAP初始化终端消息(SIAP Initial UE Message)发送至MME时,便会触发包括S1-AP接口建立流程在内的UE Context上下文建立流程。

(5) 如果MME此时还有接收到的下行用户数据需要发送给终端,那么MME NAS层会对该下行用户数据进行加密。

(6) MME将经过加密处理的用户数据由SI-MME(C)接口发送至基站,将其加入S1-AP下行NAS传输(S1-APDown link NAS Transport)消息中。

(7) 下行用户数据被基站从接收端提取后转发至终端。

(8) 终端RRC层在终端NAS层处理其提取接收到的下行用户数据。

(9) 终端NAS层将接收到的加密后的下行用户数据交付至终端应用层进行处理。

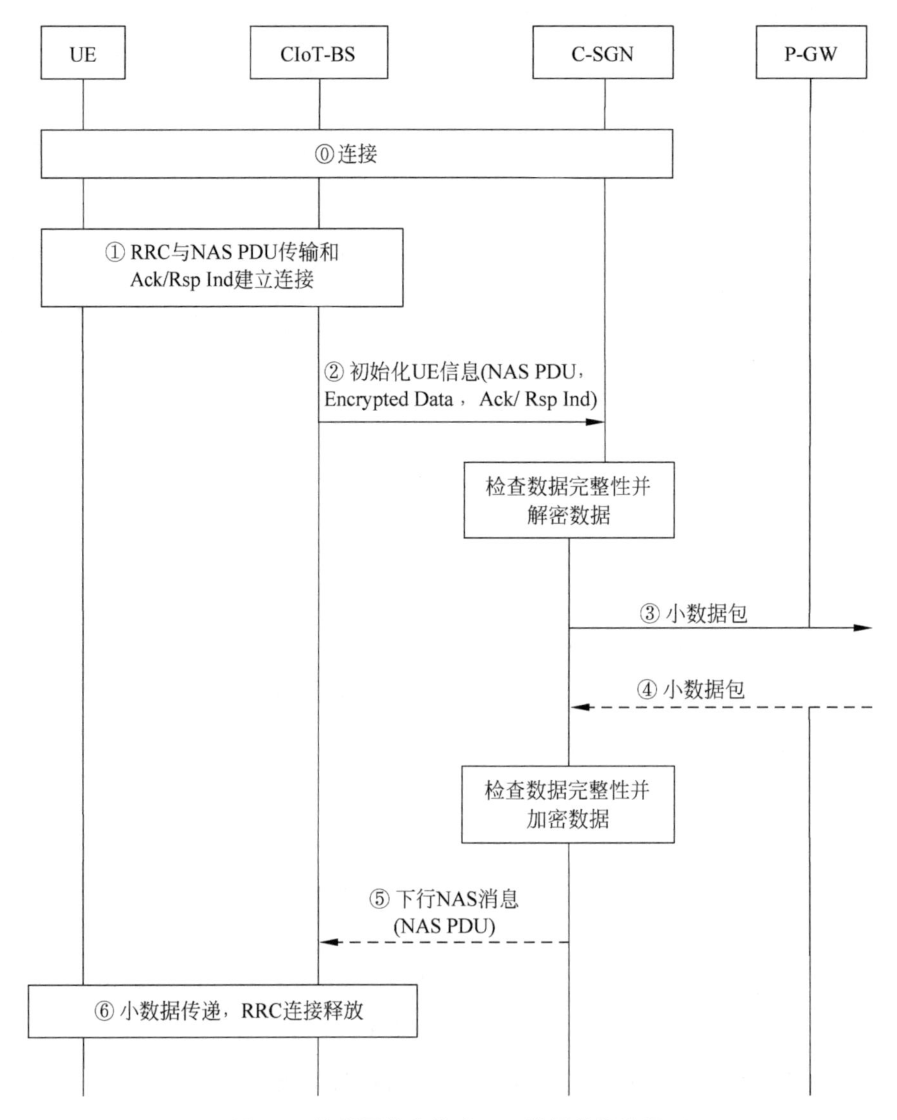

图 5-6　控制面优化模式 MO 数据传输流程

(10) 若在终端应用层同时有多条上行用户数据等待发送，则会被终端 NAS 层进行加密后交付至终端 RRC 层进行处理。

(11) 终端 RRC 层通过 RRC 上行传输消息，提取被加密过的上行用户数据中的 Dedicated Info NAS-r13 IE，并将其发送至基站。

(12) 基站对终端发送的上行用户数据进行接收和提取后，将其放在 S1-AP 上行 NAS 传输(S1-APUp link NAS Transport)消息中，并由 SI-MME(C)接口传至 MME。

(13) 基站发送被加密的上行用户数据后由 MME NAS 层对其进行解密、接收和提取。

(14) MME 经过 SII-U 和 SGW 接口，把解密后的上行用户数据传输至 P-GW。

(15) PGW 通过 SGi 接口将接收到的解密上行用户数据传输至对应的第三方应用。

3. 寻呼触发控制面数据传输流程

控制面优化模式 MT 数据传输流程如图 5-7 所示，寻呼触发的下行数据传输步骤(MT Data over NAS)如下。

(1) 窄带物联网第三方应用平台有下行用户数据需要发送给终端，并且下行用户数据通过 PGW、SGW 和 SII-U 接口到达 C-SGN (MME)。

(2) MME 通过终端最后注册更新的跟踪区列表(TA list)对应的所有基站触发寻呼请求(Paging)。

(3) 终端接收到该寻呼请求消息后，终端的 NAS 层就会触发控制平面服务请求消息(Control Plane Service Request)。

(4) 终端 RRC 层触发 RRC 连接建立流程来携带发送该服务请求(Service Request)给基站，具体由 RRC 连接建立完成(RRC Connection Setup Complete)消息携带。

(5) 基站发送 S1-AP 初始化终端信息(SIAP Initial UE Message)至 MME，该行为(包括 S1-AP 接口建立流程)会触发 UE Context 上下文建立流程。

(6) MME NAS 层加密通过 SII-U 接口接收提取到的下行用户数据。

(7) MME 把经过加密处理的下行用户数据加入在 S1-AP 下行 NAS 传输(S1-APDownlink NAS Transport)消息中，由 SI-MME(C)接口发送至基站。

(8) 基站接收下行用户数据，从 RRC 下行传输(RRC DI Information Transfer)消息中提取出 Dedicated Info NAS-r13 IE 并将其转发至终端。

(9) 终端 RRC 层将提取接收到的下行用户数据转发至终端 NAS 层，并进行相应处理。

(10) 终端 NAS 层对收到的下行用户数据进行加密处理，而后将其交付至终

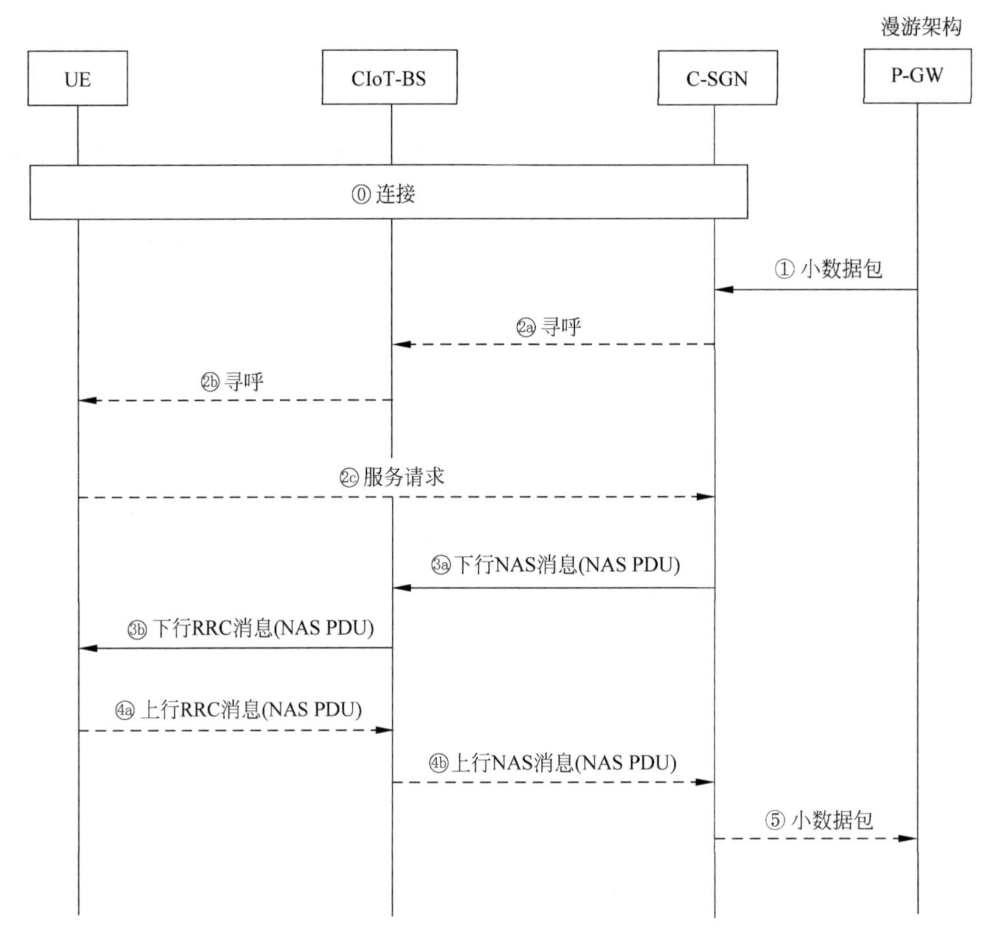

图 5-7　控制面优化模式 MT 数据传输流程

端应用层。

(11) 如果同时有多条上行用户数据在等待终端应用层将其发送,则终端 NAS 层会首先对上行用户数据进行加密处理,而后将加密信息交付至终端 RRC 层。

(12) 加密的上行用户数据在终端 RRC 层发送至基站是通过 RRC 上行信息传输(RRC UI Information Transfer)消息中的 Dedicated Info NAS-r13 IE 来实现的。

(13) 基站对终端发送的上行用户数据进行接收和提取后,将其放在 S1-AP 上行 NAS 传输(S1-APUplink NAS Transport)消息中,并由 SI-MME(C)接口传至 MME。

(14) 基站发送的上行用户数据在 MME NAS 层进行解密、接收和提取。

(15) 解密后的上行用户数据经由 MME 的 SII-U 接口和 SGW 传至 P-GW。

(16) PGW 的 SGi 接口将接收到的解密上行用户数据转发给对应的第三方应用。

5.3 EPS 用户面数据传输

对于 CIoT EPS 用户面功能优化(User Plane CIoT EPS Optimization)数据传输模式,物联网数据传送方式通过传统的用户面传送,最多同时配置两个 DRB。在 DRB 无线承载上发送数据,由 SGW 传送到 PGW 再到应用服务器。

1. 传统 LTE 用户面数据传输流程

传统 LTE 终端从连接态切换到空闲态时,eNB 和 UE 会释放接入层上下文。在重新发送数据时,需要重新建立 RRC 连接,重建 DRB,重新协商接入层和 NAS 层安全参数及算法、UE 上下文和发送服务请求消息等,这个流程需要更多信令交互。

2. EPS 用户面优化数据传输流程

窄带物联网引用用户面数据传输优化功能,通过连接暂停流程(RRC Connection Suspend)和连接恢复流程(RRC Connection Resume)实现。

通过连接挂起流程:当基站释放连接时,基站通过发送 RRC 连接暂停消息让窄带物联网的终端进入暂停模式,RRC 暂停消息带有一组 Resume ID,此时终端进入暂停模式并保留接入层上下文 AS Context,基站也保留接入层上下文及承载相关 S1-AP 信息,MME 保留承载相关 S1-AP 信息,如图 5-8 所示。

连接恢复流程:当终端第二次传输用户数据时,通过其中附带的 RRC 链接基站可以恢复出请求中附带的 Resume ID,并凭借此 ID 来识别终端上下文等保存的信息,最后终端通过这一过程中识别出的保存信息即可激活 DRB 和 EPS 用来发送数据。连接恢复流程无须发起业务请求流程(Service Request),具体过程如图 5-9 所示。

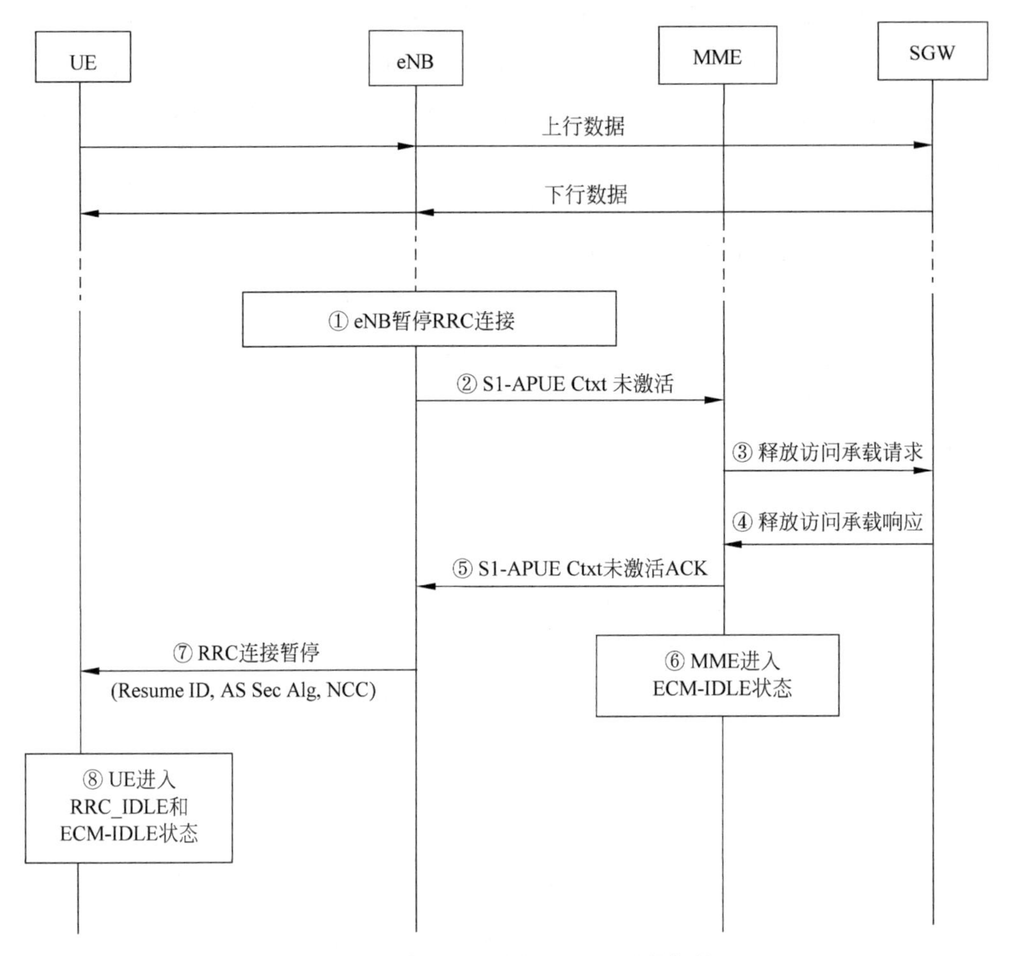

图 5-8 用户面功能优化之 RRC 连接暂停

3. EPS 用户面优化失败回落流程

如果 RRC 连接释放没有携带 Resume ID，或者 resume 请求失败，需要重建。基站收到 RRC 连接恢复请求(RRC Connection Resume Request)消息后，发送 RRC 连接建立(RRC Connection Setup)消息来重建 RRC 连接。RRC 连接建立流程如图 5-10 所示。

当 RRC 连接建立完成后，重新激活安全模式流程协商密钥信息。重新触发安全模式流程如图 5-11 所示。

RRC 连接重配置流程如图 5-12 所示。

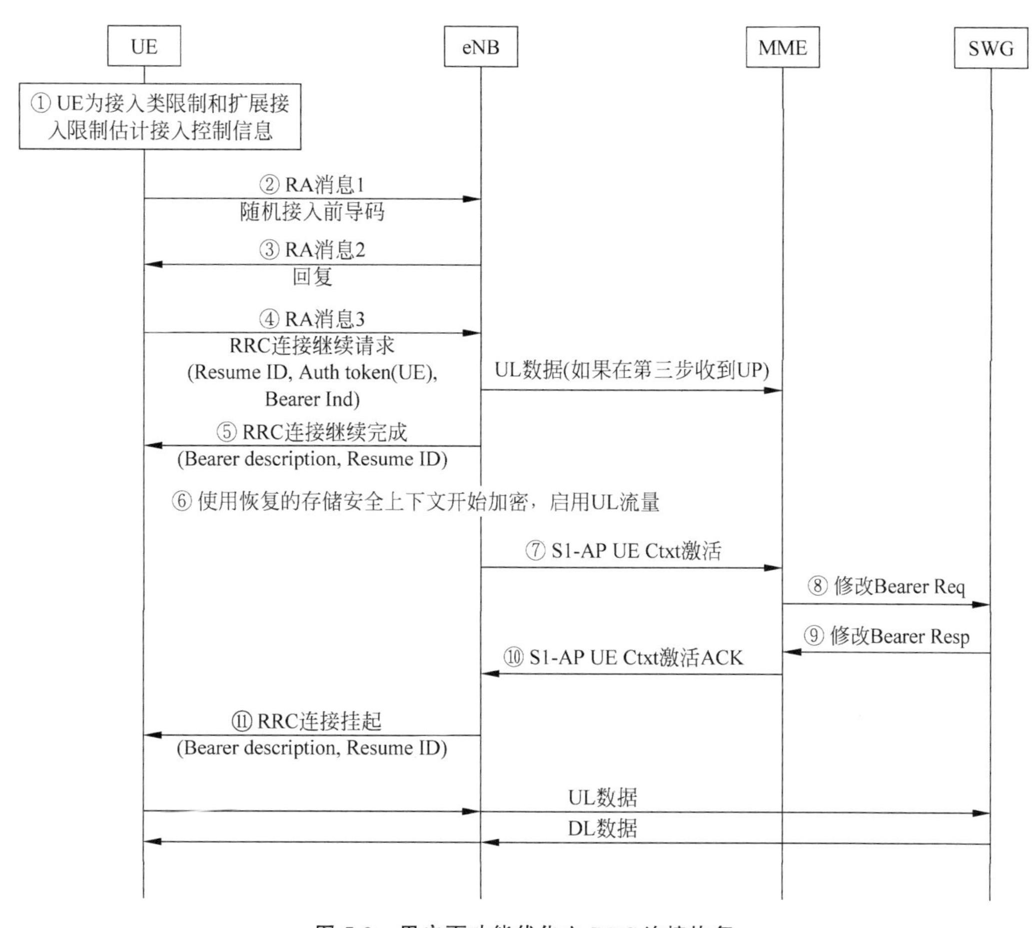

图 5-9 用户面功能优化之 RRC 连接恢复

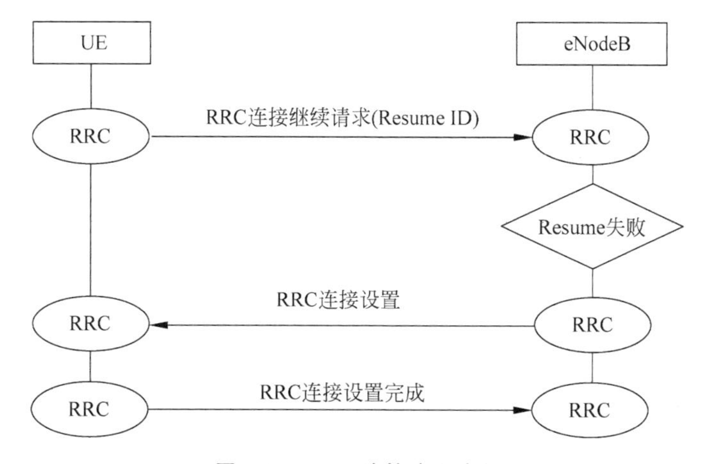

图 5-10 RRC 连接建立流程

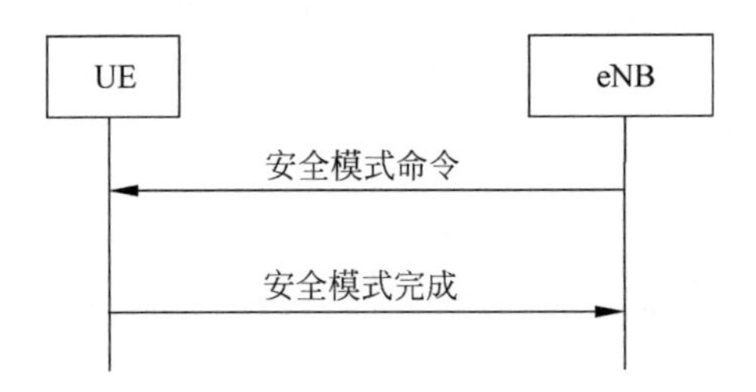

图 5-11　重新触发安全模式流程

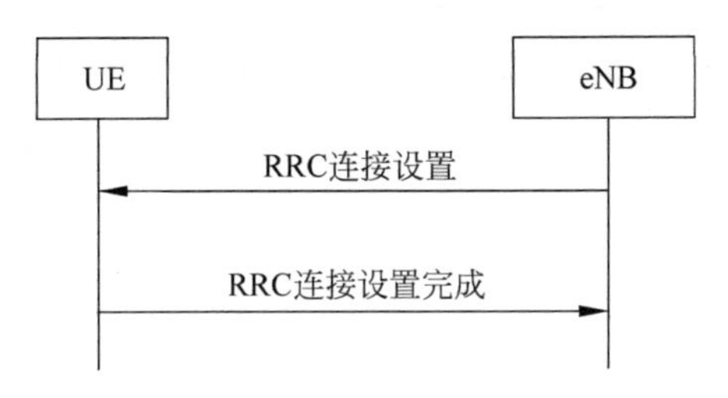

图 5-12　RRC 连接重配置流程

第6章 基于终端物联网实现无线体域网应用

6.1 概述

无线体域网(Wireless Body Area Network,WBAN)作为特殊的物联网,承担着个人数据与核心网络交互的重要任务,是网络连接的关键一环。它以人体为中心,由人体体表和体内的传感器节点(传感器节点一般带有处理器、无线收发模块和电源)、基站和远程服务器等共同组成无线网络。无线体域网融合了无线传感器网络技术、短距离无线通信技术和分布式信息处理等技术。

体表和体内终端有限的体积限制了电池的大小和容量,因此体表和体内终端的功耗是重要瓶颈。窄带物联网作为低功耗的传输技术,必将在这一场景下发挥重要的作用。

6.2 无线体域网介绍

无线体域网的架构包括个人终端和分布在人体内、人体上、衣物上、人体周围的各种传感器设备及传输处理设备,包括植入节点、体表节点和外部节点。它们通过无线电磁波或者生物分子通信,组成通信网络,可以和通信网络上的任何终端设备,如计算机、手机等进行信息的交互。而通信的实现场景也可分为体表到体外、体表到体内、体内到体内等。人体也将参与到整个通信的传输过程中,从而真正地实现网络泛在化。无线体域网如图 6-1 所示。

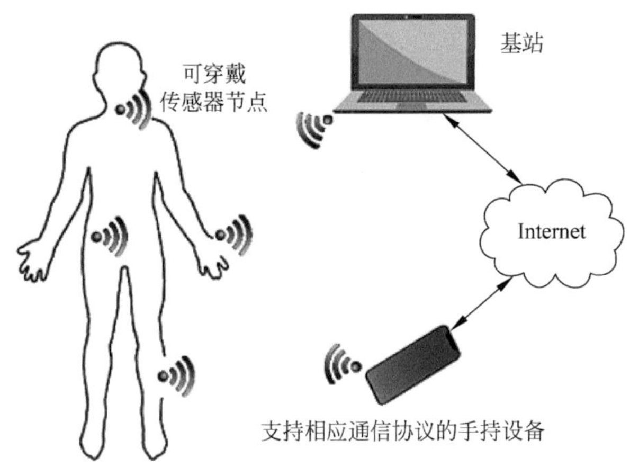

图 6-1　无线体域网

目前,由可穿戴设备组成的无线体域网已经广泛应用在医疗和非医疗场景,如 4G 时代的远程医疗、健康监测,5G 时代的远程手术、移动医护、AI 治疗,以及对个人长期检测、对人体生理运动记录,对群体行为特征捕捉和重构,对群体用户行为跟踪预测,等等。无线体域网应用场景如图 6-2 所示。

图 6-2　无线体域网应用场景

6.3　无线体域网标准和协议

与 WBAN 有关的三个重要协议分别是 IEEE 802.15.4、IEEE 802.15.6 和低功耗蓝牙协议。

6.3.1　IEEE 802.15.4

IEEE 802.15.4 具有三个工作频段：2.4GHz、868MHz、915MHz,它们的传输

速度分别为 250kb/s、20kb/s 和 40kb/s，具有以下特点。

(1) 低功耗。发送数据时发射功率仅为 1mW，因此设备耗电非常低。节点采用 ZigBee 短距离无线通信方式，节点可以较长时间不用更换电池设备。

(2) 通信安全可靠。发送数据过程中会对数据的完整性检查，对发送的数据进行 AES-128 加密。在发送过程中为数据预留专用空隙，以避免数据冲突。在媒介控制层采用消息反馈机制，即当接收到信息时需要发送确认接收信息，保证信息交流的可靠性。若在信息发送过程中出现问题，可以重新发送。

(3) 网络容量大。每个网络系统中可以包含 255 个节点，在不同信道上可以布置上百个网络，可容纳 60000 多个传感节点设备。

6.3.2 IEEE 802.15.6

IEEE 802.15.6 是在人体附近小区域范围内，提供低功率、短距离无线通信的国际标准，支持从 75.9kb/s 窄带到 15.6Mb/s 超宽带的大范围数据传输速率。IEEE 802.15.6 标准定义了一种传输速率最高可达 10Mb/s、最长距离约 3m 的连接技术。不同于其他短距离、低功耗无线技术，新的标准特别注重考量在人体表面或人体内的应用，为无线体域网在 6G 下的发展提供了基础和标准。

IEEE 802.15.6 主要技术标准如下。

(1) 每个无线体域网必须能够支持 256 个节点，节点应能够在很短时间内(3s 以内)被删除或添加到网络。所有设备能够以 0.1mW(−10dBm)的功率发射，最大发射功率应小于 1mW(0dBm)。

(2) 体域网支持一定范围的时延抖动、延迟，并保证可靠性。如医疗体域网和非医疗体域网的延迟应分别小于 125ms 和 250ms，而抖动均应小于 50ms。

(3) 无线体域网应能够在异构环境中运行，不同标准的网络能够相互协作以接收信息。链路应支持 10kb/s～10Mb/s 的传输速率。

(4) 即使在移动中也应该能够进行可靠的通信。尽管减少网络容量是可以接受的，但不应由于不稳定的信道状况而丢失数据。场景包括坐姿、行走、扭曲、转弯、奔跑、挥动手臂和跳舞姿势，需要解决身体运动导致的阴影和通道褪色。无线体域网中的节点可能会彼此相对移动，无线体域网整体也可能会移动位置，从而导致干扰。

6.3.3 标准总结

在无线体域网中，IEEE 802.15.6 协议可以满足不同的体域网应用要求。MAC 协议主要用于控制无线信道和能量损耗，同时也保障高服务质量、低能量消耗和高数据传输率等。总体来说，IEEE 802.15.6 标准将细化通信过程中不同场景、不同设备和不同安全级别的通信规则，通过优先级差异化来保证高优先级业务流量传输的可靠性，为满足不同的体域网应用要求提供了有利条件。基于 IEEE 802.15.6 标准及 6G 通信标准的产品，包含丰富的传感技术、传输技术，对未来通信空口要求要适应多样化技术。因此，尽可能尽早细化 6G 孪生体域网研究框架和 6G 发展阶段体域网汇聚中心关键技术环节有利于 6G 体域网的进一步探索和发展。IEEE 802.15.6 标准较之前标准有了较大改变，为 6G 技术和体域网应用的发展奠定了基础，如表 6-1 所示。

表 6-1　IEEE 802.15.6 协议新增内容

定　　义	IEEE 802.15.6 协议新增
物理层分类	定义了窄带、超宽带和人体通信物理层三类物理层
MAC 层分类	根据业务场景不同，区分优先级用户
访问模式	根据业务需求不同，区分优先级不同事件的访问模式
安全级别	定义了 0、1、2 三级不同标准的安全级别
频段	基于体域网的业务广度，医疗、无线医疗、工业、科学和医学频段可被使用
错误率	对于 256 个八字节的有效负载，数据包错误率(PER)应小于 10%
节点数	每个无线体域网必须能够支持 256 个节点
延迟与抖动	对于抖动与延迟要求高的无线体域网应用程序，应予以支持。在医疗应用中，延迟应小于 125ms，在非医疗应用中，延迟应小于 250ms，抖动应小于 50ms
低功耗	应合并节电机制，以使无线体域网在功率受限的环境中运行

根据 IEEE 802.15.6 的要求，随着未来 6G 技术的突破，数字孪生世界将为各类应用提供更广阔的场景。未来 6G 网络的作用之一就是基于无处不在的大数据，将 AI 的能力赋予各个领域的应用，创造一个“智能泛在”的世界。

6.4 无线体域网未来新业务

6.4.1 脑机接口

脑机接口(Brain-Computer Interface,BCI)是指在大脑与外部设备之间通过双向信息流提供直接交流途径的方法和系统。脑机接口技术被称作人脑与外界沟通交流的“信息高速公路”,是公认的新一代人机交互和人机混合智能的关键核心技术,涉及信息科学、认知科学、材料科学和生命科学等领域,对智能融合、生物工程和神经科学产生了越来越重要的影响。脑机接口技术为恢复感觉和运动功能及治疗神经疾病提供了希望,同时还将赋予人类“超能力”,用意念即可控制各种智能终端。

6.4.2 通感互联网

通感互联网可以获得人体所有的感觉,6G网络将把传输的内容从传统的图片、文字、语音和视频拓展到人体能感知的色、声、香、味、触觉甚至情感。到6G网络时代,当对方在晒美食的时候,可以通知终端闻到美食的香味,从而产生真正的分享。基于通感互联网,人类与真实或虚拟的人类和物体进行交互,获得的感受是一样的。在实际应用和日常生活中,通感互联网将对购物、游戏体验进一步升级,用户甚至可以得到远程的、不产生实际消耗的试用体验,网络体验店将变成现实。脑机接口连接技术共分为四层,如今实现了通过意念操纵机器,代替或者修复人类的一些身体机能,最终将实现“无限沟通”,通过脑机连接技术,直接靠大脑中的电波信号就能够实现彼此间的无限沟通。

6.4.3 纳米机器人

纳米机器人可作为药物的运载体,通过自动控制或者人工控制到达身体病变的区域释放药物,甚至部分纳米机器人可以执行体内手术。此外,纳米机器人还可以执行部分细胞的功能,例如代替红细胞进行氧气和糖类的搬运。纳米机器人在医疗的业务将成为未来体域网的关键应用场景,但进一步拓宽纳米机器人的功能需要网络支持纳米机器人的精准定位，以及纳米机器人之间的同步协作通信。在未来，将通过6G体域网进一步解决大量纳米机器人间通信速率、通信可靠性与网络统一控制等问题。

6.4.4 数字器官

目前的数字器官由成千上万个器官的断面信息组成，事先对各个器官进行CT扫描或者解剖获得断面信息，再通过计算机图像处理重构出一个数字化的器官，最终由三维模型精准地描述组织的各个功能获得器官信息的精准模拟。但这种数字器官缺乏个性化、精准性和实时性。数字化虚拟人体器官已经成为医学、解剖学中一个重要的研究领域。通过与6G体域网的结合，未来的数字器官将提供一个完全实时、动态的数字模型，实时反映器官变化，精准描述每个人的器官。这对传感器数量和精确性、网络实时性和可靠性都提出了较高的要求。凭借未来通信与数据处理中心强大的计算能力和微网络，数字器官的粒度可能进一步细化，例如心脏切片厚度进一步细化，实现更为精准的重构。

未来6G将通过泛在智能实现万物智联。机器之间可以开展智能协同工作，体域网设备之间可以进行智能监测和协作，人与虚拟助理之间可以进行深度思想交互，甚至人与人之间也可以进行智力交换，全面提升人类学习的技能与效率。

6.5 无线体域网面向未来发展的挑战

无线体域网作为越来越重要的接入单元，当前存在接入量有限、切换稳定性差、多终端功能重复冗余、功耗管理未统一考量、负载和计算管理不科学等问题，需要面向6G的一体化新终端需求设计，针对性地提供解决方案。解决好这些问题将会为无线体域网的发展带来动力。根据新需求重新设计和更新现有无线体域网势在必行。

1. 未来高密度多维度新业务需求

随着数字化医疗、运动监测等领域的扩展和要求的提高，人机智能交互、通感互联网等新场景新应用陆续出现，当前无线体域网的性能已经无法满足这些业务的高性能指标要求。新的传输方式和接入方式对通信网络提出了更高的要求,在未来的无线体域网中,指标应达到表6-2要求。

表6-2 不同全息业务的网络指标

应用场景	基本静态数据量	同步通信数据量	同步循环
数字肖像	100Mb/s	1Mb/s	1s
数字卫生保健	1GB	1Gb/s	1s
全息肖像	10GB	1000Gb/s	30ms
脑存储	10^9 TB	10^5 Tb/s	1d
纳米数字孪生	10^9 TB	10^5 Tb/s	1d

基于新的应用需求,无线体域网应当能提供海量、多维度接入方案,能确保多种接入方式时不掉线,保证更低功耗和更高安全性(包括用户隐私和人体辐射)。因此,研究无线体域网本身存在的问题和面向6G需求的一体化新终端方案成为必要。

2. 更低功耗要求

制约无线体域网进一步发展的因素包括器件、能耗、通信能力和安全性等多个方面,其中最大的阻碍在于器件,而影响器件长时间稳定高效率工作的最重要因素就是功耗。考虑到人身体的安全性,植入设备最好采取生物发电而非电池发电,这就对器件提出了很高的要求。

3. 更高安全性要求

采用生物分子通信的无线体域网速率能否达到要求也是尚未解决的问题,无线体域网使用的电磁波对于人体的影响仍未可知。个人数据安全性问题需要从最高层考虑到最低层,如果被不法分子篡改将会造成严重后果。

4. 更高可靠性要求

多场景下不同设备的接入和切换也是未来无线体域网的常见场景,其中多场景切换包括多设备时的可靠切换和多网协同时的可靠切换。实现多设备、多网协同下顺畅切换,可以提高网络的灵活性,形成连续的高质量业务体验。

5. 隐私与数据建模需求的矛盾

大数据建模离不开个人数据，包括体征、行为、网络需求规律等，需要结合多方安全计算、区块链等手段并兼顾平衡。

6. 未来原子化网络灵活组网优化需求

在未来无线体域网场景下，节点将大规模增加，个人人体采集节点可能多达上千个，同时除了同一场景下小节点的增加，实现微通信，无线体域网可以提供丰富的个人数据。

6.6 解决无线体域网能耗问题的四个技术趋势

6.6.1 无线体域网零功耗技术——生物分子通信

分子通信是以生物细胞分子作为信息载体在发射机和接收机之间进行通信的一种短距离通信技术。得益于自主运动性能、简单的表面功能化及高效捕获、分离目标物的优势，携有多种生物受体的纳米机器人可作为生物传感器，实时分离检测微量体液中的靶标分子(如蛋白质、核酸、癌细胞等)，提高生物测定的敏感性和高效性，在无线体域网系统中，纳米机器人可以起到精准采集人体生理特征信息的作用。

作为一种新的通信技术，分子通信与利用电磁波作为信息载体的传统通信有所不同，它们之间的主要特性对比如表6-3所示。

表6-3　传统通信与分子通信的主要特性对比

主要特性	传统通信	分子通信
信息载体	电磁波	分子
信号类型	电磁或光信号	生物化学信号
传播速度	光速(3×10^8 m/s)	速度慢(几微米每秒)
传播距离	长(从米到千米)	短(从纳米到米)
传播环境	空间或电缆	液体或气体
编码信息	语音、文本或视频	现象或化学状态
接收机行为	数字信息解码	生化反应
能量消耗	高	极低

分子通信架构系统组件主要包含发送器(发射机)、分子通信接口、分子传播系统和接收器(接收机)。发送器生成分子,并将信息编码到分子上,接着将信息分子发射到传播环境中。分子通信接口用来封装发射出的信息分子,它充当分子容器以隐藏信息分子在传播过程中的生化和物理特性。分子传播系统通过传播环境被动或主动地将信息分子(或封装信息分子的囊泡)从发送器传输到适当的接收器。接收器选择性地接收已解封的信息分子,并对接收到的信息分子进行生化反应,这个生化反应就表示信息的解码。分子通信架构如图 6-3 所示。

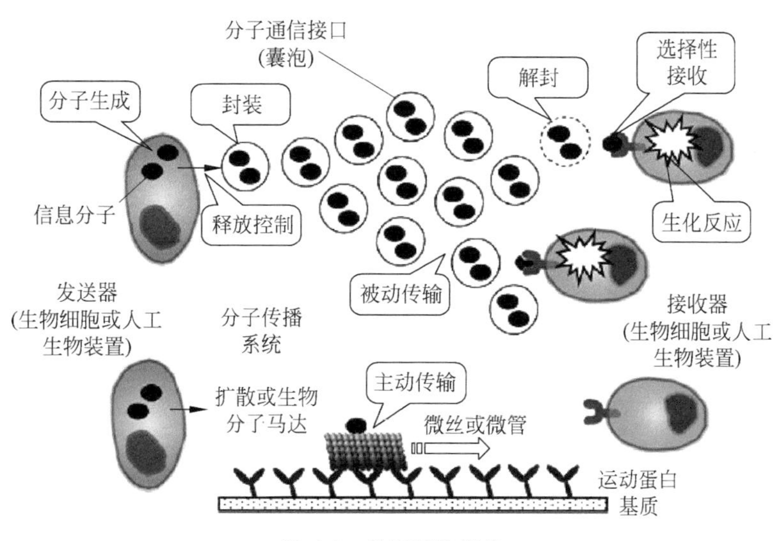

图 6-3 分子通信架构

6.6.2 无线体域网自供电技术——生物发电技术

无线体域网生物发电技术包括智能鞋发电、摩擦发电、太阳能发电、动能发电、温差发电等。

智能鞋发电技术是目前比较受关注的新兴热门技术,这里简要介绍一下作者的智能鞋发电专利方案:鞋底各区域压力监测模块同时是发电模块,模块实现压力监测与发电一体化,一方面将每次踩踏压力转换为电能存储使用,另一方面实时监测上传 5 个区域发电压力分布数据,用于健康大数据建模。

鞋底区域均匀分布着压力监测发电一体化模块,每个模块由压力陶瓷片、电动转换气泵、压力采集、电能转换存储模块和通信模块构成，将动能和摩擦力转化为电能，通过无线充电等方式为无线体域网供电。

6.6.3 无线体域网自休眠节点——窄带物联网技术

以窄带物联网技术为代表，以作者实践过的窄带物联网老人定位智能鞋的应用为例介绍工作和休眠切换方法，通过判断是否唤醒窄带物联网的前置条件，包括运动状态、常见地点、紧急状态、所处时段，进行智能休眠和唤醒，最大程度降低电能的消耗。

6.6.4 无线体域网自组织网络——一体化协同技术

目前无线体域网终端设备来自不同的厂商，相互之间缺乏有效的数据、算力、功耗的协同，直接或间接造成了能量的浪费。作者提出一种一体化协同技术方案，下面以可穿戴智能鞋判断帕金森为例进行介绍。

6.7 范例：基于可穿戴设备判断帕金森疾病的一体化融合系统

6.7.1 步态周期

步态是走路的方式或风格，一个人的走路姿势可以揭示重要的健康信息，导致步态异常的可能性有很多，一些常见的原因是退行性疾病，如帕金森和关节炎。一个完整的步态周期包含 8 个周期，分为两个阶段：支撑阶段和摆动阶段（包括脚着地阶段和脚离地阶段）。在这些阶段中，每个人在重心、离地高度、步频和步长方面都表现出自己的特点。这些特征反映了个人的健康状况。

医学工程研究人员通过 3D 压力测力板跟踪设备，并通过摄像头识别步速、步长、周期、步幅等步态，协助医生进行定量诊断。在步态分析过程中，来自多个来源的数据同时被捕获和分析，校准它们所需的时间非常具有挑战性，因此需要自动化数据融合处理。

由于帕金森早期症状的偶发性和隐蔽性，医院中的运动行为容易受到“观察者效应”的影响，即观察者在场时的行为改变。在这种情况下，行为的实际状态可能会被抑制。为了避免此类问题，医院外的日常监测可能会获得更有效的信息。

郑智民研发团队研发了一种新的智能鞋设备。它的嵌入式传感器包括随时间变化读数的智能鞋垫（基于脚部形状测量仪）和随时间变化读数的18个运动传感器IMU（基于运动捕捉设备）。这一新元素扩大了运动数字孪生的适用范围，适用于医院内外。

在这种情况下，可以想象，数据级融合可以在移动终端完成，步态时空参数分析（特征级融合）可以在边缘基站进行，决策级融合可以在云端完成。

6.7.2 数据采集的实验运动范式

郑智民开发团队让受试者在身体17个关键部位绑上运动捕捉设备IMU，或者穿智能鞋，每只鞋的鞋舌上只有一个IMU。从IMU收集加速度数据，以评估受试者的运动。

受试者在每平方分米100个压力传感器的压力路径上行走，并使用在鞋底上分布压力传感器的智能鞋。要求受试者在行走同时执行一些认知任务（如有规律的加减法）。认知任务旨在分散注意力，以避免受试者有意识地纠正步态。

受试者必须以自然步态直线行走7m，转身，休息1min，然后重复10次。

鞋底的5个区域均匀分布。首先，选择其中一种运动状态进行训练，包括站立、蹲下、起身、行走等。例如，在这种情况下选择步行。然后，收集和计算每个鞋底的MFF（足前掌内侧缘）、LFF（足前掌外侧缘）、LMF（足弓外侧缘）和脚跟区域（左右、前后和垂直）的三维压力数据。最后，计算每个压力在总压力和相应时间数据中的比例，其采样率大于或等于100Hz。该数据通过蓝牙、WiFi或蜂窝网络传输至分析模块。

6.7.3 运动状态识别的数据分析

从IMU中收集完加速度数据和三维压力数据后，开始特征提取、特征融合、识别建模和模型细化的分析，此分析过程须对数据进行降噪处理。详细过程如图6-4所示。

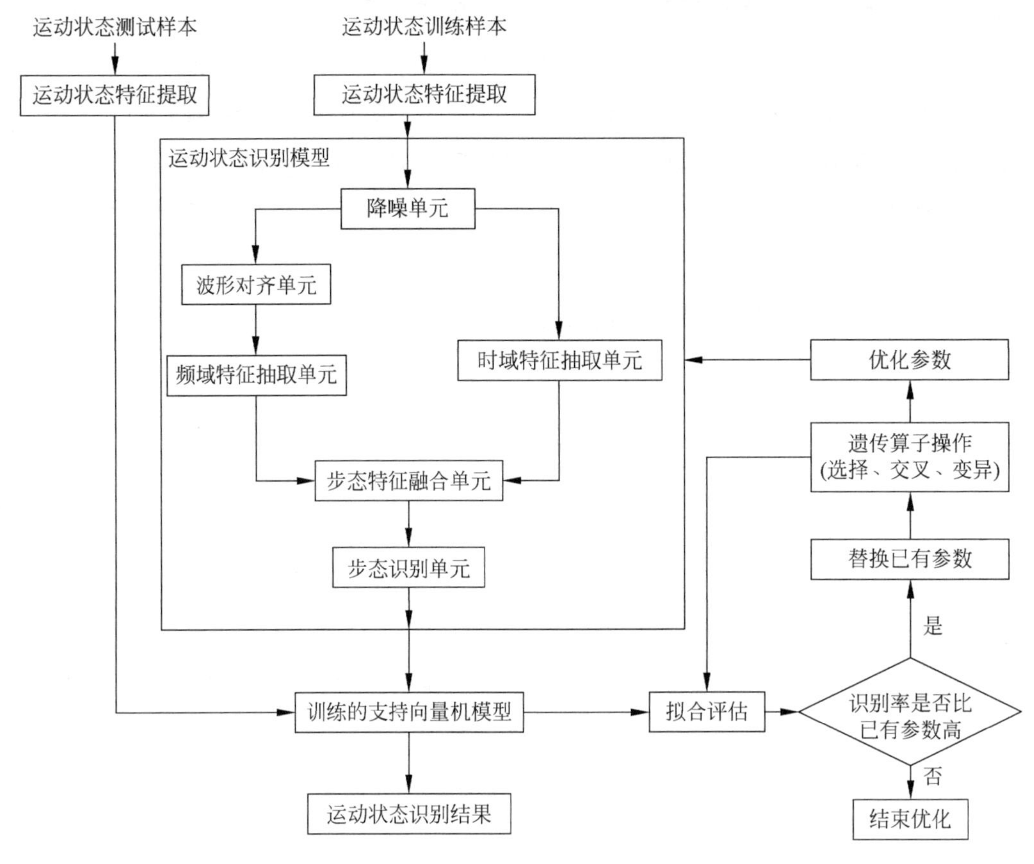

图 6-4　运动状态识别流程图

(1) 降噪。采集过程中的主要干扰源是电路中的 EMI(高频噪声)，而人体运动产生的主要是 50Hz 以下的低频信号。将从这四个区域采集的压力数据分三步进行小波分解、高频小波系数处理和小波重构。利用小波变换对四个区域的时域压力信号进行数字化，将多个频率分量的混合信号分解为不同的频带，然后根据各子信号在频域中的不同特征进行频带处理，最终获得高信噪比的步态数据。

(2) 特征提取。考虑步态的整体特征，例如周期性、变化率和加速度，以及步态的详细特征，如光谱特征，采用小波包分解和差分算法从四个区域的三维压力中提取频域和时域特征，并使用支持向量机(SVM)进行识别。

(3) 特征融合。首先用模糊 C 均值方法从提取的步态频域特征的多个小波中选择最小最优小波包集，然后用模糊 C 均值方法从所选小波包集中选择最小最优小波包分解系数。该方法基于模糊隶属度排序，得到最小最优步态频域特征子集，然后结合步态时域特征得到融合的步态特征集。

(4) 识别建模。支持向量机用于步态识别，非线性映射径向基核函数用于将线性不可分辨的低维空间映射到线性可分辨的高维空间。首先对分类器进行训练，然后对步态样本进行识别。假设已在步态数据库中注册了 n 个类别的单个步态样本，将样本输入分类器进行训练，并根据输入值确定它们匹配的类别。如果超过 $1\sim n$ 的范围，将注册一个新的类别 $n+1$，然后再次更新分类器。对于人体的每个运动状态，如站立、蹲下、起身、行走等，可以分别应用上述方法，形成一组具有相应运动状态的识别模型。这组运动状态识别模型可用于提供远程健康监测服务，例如检测不同的运动状态，以检测可能由活动组成变化指示的发病迹象。每个运动状态的识别模型可以通过子类进一步增强。例如，在正常人站立和行走时，左右足底压力的峰值分布基本相同；而在糖尿病患者和危重患者中，关节活动度变小，导致前脚/后脚压力显著增加，压力分布不均匀。因此，站立状态可进一步分为以下两种：正常站立或病理性站立。

(5) 自适应模型优化。SVM 分类器能够持续自适应优化和改进。每输入一个新样本时，SVM 分类器的识别率根据交叉验证法的原理进行计算，以进行适应度评估，而无须设置遗传算法的终止值。设置终止条件，如果训练的识别率高于现有的识别率，则将其设置为最优参数，否则，执行选择、交叉和变异等操作以进一步优化训练参数。

6.7.4 运动孪生装置及实验进展

IMU 和步态分析融合系统如图 6-5 所示。选择 69 名有帕金森症状的住院患者进行实验，分析他们的步幅、摆动阶段和站立阶段。实验结果表明，与现有研究相比，表 6-4 所示的误差在可接受范围内。

表 6-4 实验性步态分析表

实验结果	步长/cm	摆动阶段/ms	站立阶段/ms
错误均值	5.00	3.27	4.14
错误标准差	6.28	2.46	4.05

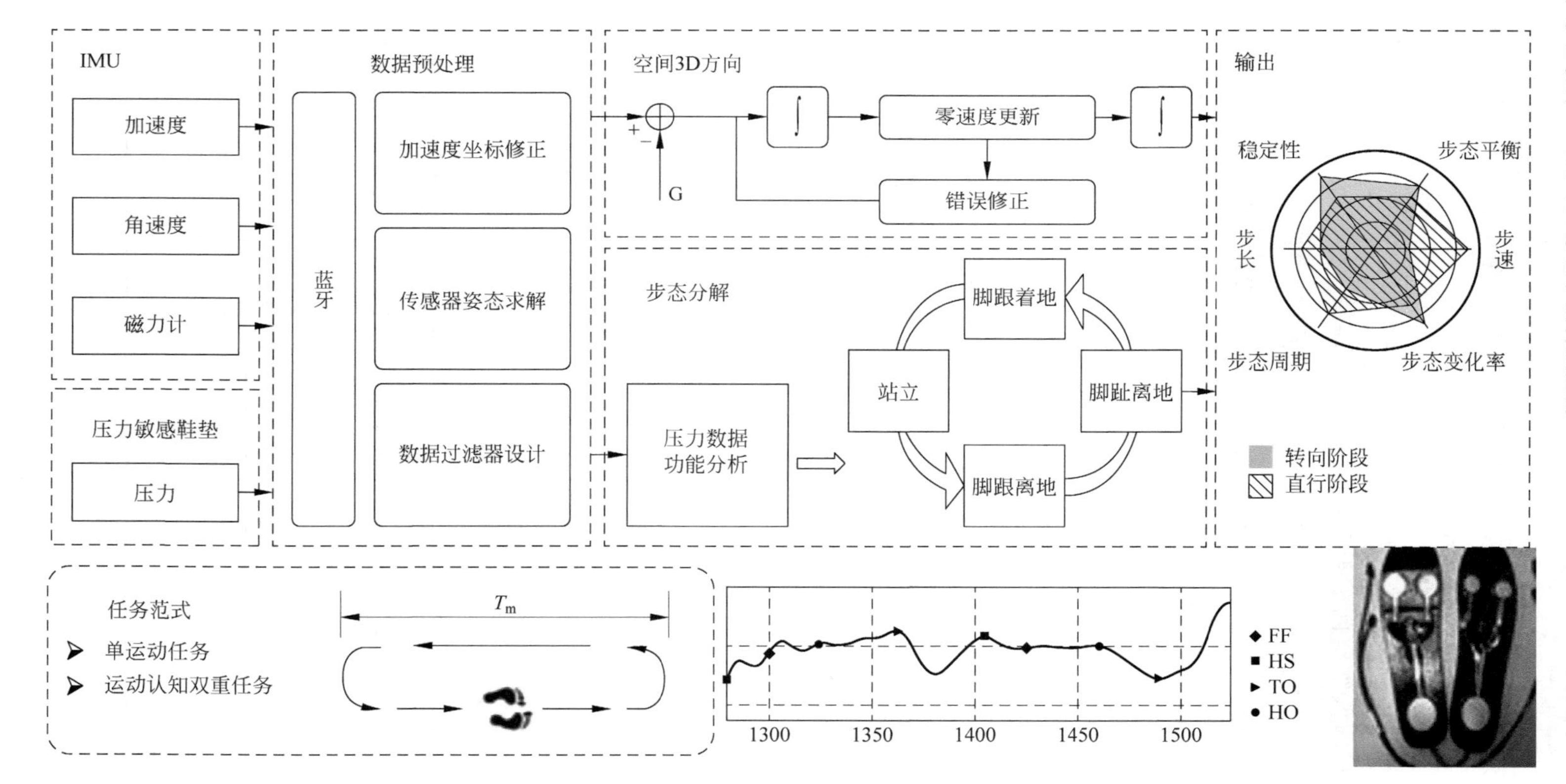

图 6-5　IMU 和步态分析融合系统

第7章 窄带物联网的典型应用

物理世界中需要监控的大部分是小数据量的带宽窄、实时性要求低、待机时间长的应用场景，非常适合采用窄带物联网技术。窄带物联网应用领域非常广泛，例子非常多，本章主要介绍一些窄带物联网的典型应用。

7.1 智慧井盖

7.1.1 概述

城市智慧化已成为继工业化、信息化、电气化之后的第四次浪潮，建设智慧城市是世界城市发展的必然趋势。随着智慧城市系统的发展，通过采集城市内的一些重要信息，市政可以做到提前预防，实时监测，定时维护，减小国家和居民的损失。随着物联网的发展，智慧井盖系统可以对城市下水井盖和管道井盖进行管理、监测、预防和维护，以助解决目前城市中的洪涝及城市排水系统中存在的各种问题，把各种感知传感器监测到的下水道水位信息、地表温湿度信息、井盖状态信息传入互联网，状态出现异常时可以自动报警。城市管理者可通过后台或者便携式设备实时查看相关设备和节点的状态，判断位置，便于掌握城市各方面的信息，减少城市维护人员的工作量，精准做到提前预防、实时监测、定期维护和突发事件处理。

城市井盖分属市政、通信、燃气、热力、电力、交管等众多行业和部门，权属复杂，管理难度大。利用物联网技术可以给每个井盖装一个“身份证”，方便管理部门进行信息采集及情况处理。无线传感器智能感知技术和窄带物联网技术的飞速发展，为智慧城市建设提供了坚实的技术基础。

7.1.2 智慧井盖系统

基于窄带物联网的智慧井盖系统可以远程监测井盖状态，获取管道堵塞情况等信息，同时能够在出现问题时及时报警并做出更高效的处理决策，这种智能型市政管理平台，还可以通过可视化的方式完成远程操控，如图 7-1 所示。

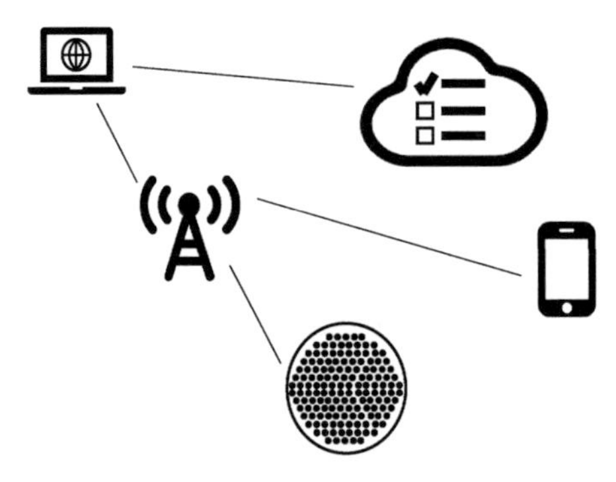

图 7-1　智能井盖系统

智慧井盖系统可实时监测井盖状态、井盖下水位等情况，并进行动态分析。一旦发现异状、险情，比如井盖非授权开启、被盗、损坏、井下水位超过预警值，平台会自动将警情发送给值守人员，便于他们快速定位，及时到场排查，以防发生安全事故。各个节点利用水位传感器模块监测水位高度，与相邻节点的水位高度进行比较，从而判断是否发生堵塞。系统收集各个时刻的水位信息，生成水位高度变化曲线，当水位高度增加速度过快时，触发报警。利用角度传感器监测井盖角度变化，可以判断井盖是否松动或者被无故开启，以实现防盗和监测松动功能。在安装中将角度传感器水平贴附于井盖下端，当井盖被开启时，模块检测出角度变化并返回信息。当井盖发生微小角度变化时，通过传感器检测信息可以判断井盖是否松动。

智慧井盖系统可监测地表温度和湿度，判断天气情况，做出反馈。湿度传感器安装于井盖内侧边缘处，实时监测湿度状况并反馈给各节点的中央处理系统，当阴雨天气湿度较高或者路面积水通过井盖边缘渗入时，湿度超过特定值，中央处理系统做出响应，提高与主机的通信频率，反馈实时信息，有利于管理人员在紧急状况下掌握更多信息。温度传感器固定在井盖下方，采集地表温度信息并上报，有利于市政部门掌握城市各处的温度状况，并对温度过高的地区采取降温措施。

数据传输功能通过窄带物联网远程连接传输信息完成。利用窄带物联网传输数据的主要优势有：窄带物联网的信号覆盖范围广，功耗小，网速可以满足传输数据的需求，费用低，操作简单。智慧井盖系统把井盖作为一个区域信息汇聚节点，集中传输并智能处理采集的数据，为人们的安全和生活质量提供更多的保障。

7.2 智慧建筑

建筑业作为国民经济支柱产业之一，对国民经济的发展具有举足轻重的作用。中国建筑业市场已经获得长足发展。传统建筑生产方式普遍存在着建筑资源能耗高、生产效率低下、工程质量和安全堪忧、劳动力成本高、资源短缺严重等问题，这要求建筑业企业必须改变传统建筑生产方式，加入智能建筑行业中，从而满足未来建筑业可持续发展的要求。

7.2.1 智慧建筑概述

智慧建筑是以建筑物为平台，基于对各类智能化信息的综合应用，集架构、系统、应用、管理及优化组合为一体，具有感知、传输、记忆、推理、判断和决策的综合智慧能力，形成以人、建筑、环境相互协调的整合体，是为人们提供安全、高效、便利及可持续发展功能环境的建筑。智慧建筑不仅仅是建筑，而且是可以感知的生命体，拥有生命和智慧，是能够不断进化的系统。

根据建筑的智慧程度划分，智慧建筑的发展可分为传统建筑、智能建筑、智慧建筑三个阶段。世界上第一栋智能大厦出现在1984年，自此智能建筑的概念逐渐兴起。我国的智能建筑行业从20世纪90年代开始发展，虽然我国的智慧建筑建设起步晚于发达国家，但所应用的技术及相关标准却与国际先进水平旗鼓相当。2017年，阿里巴巴发布了《智慧建筑白皮书》，对智慧建筑的特征进行了概括，主要包括了四方面的内容：一是环境，智慧建筑强调与环境的关系；二是经济，智慧建筑注重高性价比；三是社会，智慧建筑强调建筑与人的关系；四是技术，智慧建筑通过物联网、人工智能、云计算等技术手段实现其功能。

智慧建筑按照系统可包含设备自动化系统(BAS)、通信自动化系统(CAS)、办公自动化系统(OAS)、安全保卫自动化系统(SAS)和消防自动化系统(FAS)，即5A智慧建筑。其中，设备又可分为冷热源控制系统、空调及新风控制系统、送排风控制系统、给排水控制系统、电梯监控系统、变配电控制系统、照明控制系统；消防可分为火灾自动报警系统、消防联动控制系统、消防设备监控系统；安防可分为入侵报警系统、视频监控系统、出入口控制系统、保安巡更系统、智能停车场管理系统；通信可分为语音通信系统、电子会议系统、影像系统、数据通信系统、多媒体网络通信系统、有线及卫星电视系统；办公可分为物业管理运营系统、办公和服务管理系统、智能卡管理系统。

基于物联网技术的智慧建筑分成三个层次：感知层、网络层和应用层。感知层主要用于数据采集和感知，包括物理量、图像、音频等数据信息，其中涉及的感知技术主要有传感器、RFID、多媒体信息采集等。网络层主要实现更加广泛的互联功能，把感知互动层收集到的信息进行高效、安全、可靠的传输。应用层是构建智慧建筑的核心所在，也是智慧建筑的目的，各种数据分析处理技术将感知层收集到的信息进行分析融合，形成面向用户需求的各类应用。

7.2.2 细分技术

1. 智慧烟感

近年来，火灾频发，造成很大的人员及财产损失，国家高度重视，陆续出台相关文件，同时，人们消防意识逐渐提高，独立烟感得到一定程度的普及，在防火减灾方面起到一定的作用。但独立烟感产品存在一定的局限，功能单一，只能发出声光报警提示，工作状态不能实时掌握。随着智慧消防的推进，智慧烟感的市场规模将得到迅猛发展。

智能烟感系统是智慧建筑中的重要一环，智能烟感系统能够及时发现建筑内的火苗及烟雾，将火势在较小时就消除干净。无人车间智能烟感系统也可以实时监测车间内的温度、烟雾及可燃气体等，及时通过控制中心进行报警，使人们在建筑内生活工作得更加安全。

窄带物联网智能烟感系统包括窄带物联网模组、无线烟感报警器、无线温感报警器、无线可燃气体报警器。烟感报警器可以检测到室内烟雾浓度的变化，温感报警器可以检测室内温度的异常变化，可燃气体报警器可以检测到室内的可燃气体浓度的变化，当各个指标超出正常范围时，报警器将及时进行自动报警，并将信息传给窄带物联网模块，窄带物联网模块再将信息传给火警管理平台，对报警信息进行反馈，迅速调配人员进行灭火。

未来的智慧烟感向智慧家庭、智慧社区、智慧校园、智慧工地、智慧医院及智慧城市各类场景不断延伸，基于统一的物联网平台实现跨行业的设备管理和联动。智慧家庭终端（如智能烟雾探测器、智能声光报警器、智慧安全用电、可燃气体探测器、门禁系统、户外摄像头）的每个物理安防系统都可以在物联网平台实现统一接入与互联，完成信息监测、数据分析的全生命周期管理。

2. 智慧消防

近年来，我国在经济发展及城市建设方面取得了巨大的进步和发展，但火灾仍是现实生活中最常见、最突出、危害最大的一种灾难，是直接关系到人民生命安全、财产安全的大问题。

传统消防行业故障报警处理不及时，火灾探测器信号依靠消防总线传输，探测器容易出现故障，报警信号只能传送至消防控制室，通知对象单一，灭火救援难度大。人工电话报警存在一定的延迟，影响消防救火人员到场时间，缺乏新型技术的支撑不能及时掌握火场情况，影响现场救援指挥。烟感也受信号覆盖及信号穿透的影响存在不适合规模化、批量化安装的情况。

物联网技术背景下的新型消防观念是防重于消、防消结合的闭环消防安全理念。通过"消防设施＋感知设备＋窄带物联网＋GIS＋GPS＋云计算＋大数据"融合技术，将大量事务性工作交由软件和系统自主处理，在对消防设施、消防水源和场所安全动态监管的同时，能够有效降低监管成本，提高监管效能。利用窄带物联网技术的监控提醒功能，还可以推动单位更好整改消防设施系统故障，及时消除火灾隐患。

消防监测系统可直接借助系统内置传感装置自动采集监测数据并上传至消防监控中心服务器，具体包括：设备状态、告警时间、告警地址、告警位置等。这些信息最终成为大数据的核心部分，为火灾预警分析提供依据。通过系统获取的大数据进行分析，既可高效获悉哪个区域为火灾高风险区域，还可对消防栓布局的合理性、消防警力部署的科学性进行研判，提升火灾预防能力和处置水平。

智慧消防系统包括消防管网水压监测集成子系统、可燃气体监测集成子系统、独立烟感监测集成子系统和火灾预警监测集成子系统，可实现图 7-2 所示的精准定位水压异常、偷水、漏水等故障位置。消防管网水压监测集成子系统具备消防水压实时探测功能，不间断显示消防水的实时压力值；当消防水压超出设定的压力范围或发生故障时，及时上传告警或故障信息。可燃气体监测集成子系统实现对可燃气体浓度实时探测功能，不间断监测；系统设置可燃气体浓度的上、下阈值，当超过阈值或设备故障时，系统会自动报警。独立烟感监测集成子系统利用联网型独立式烟感探测场所火灾信息，当发生火警时及时上报火警信息到智慧消防物联网管理平台。火灾预警监测集成子系统利用用户信息传输装置与自动火灾探测系统对接，实时监控自动火灾报警设备的故障，及时上传火警信息到智慧消防物联网管理平台，呈现在网站和手机 App 预警地图上。

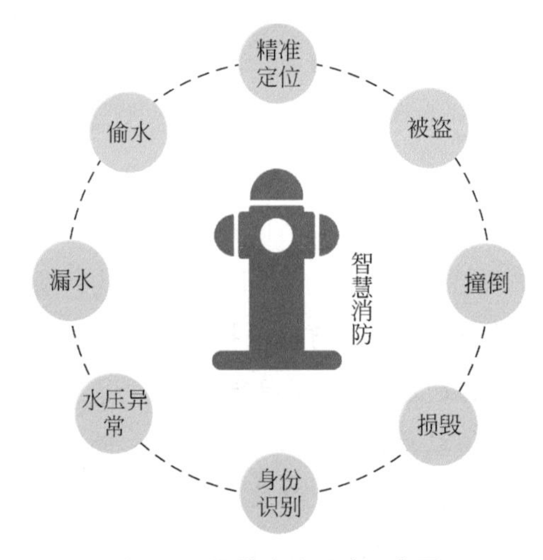

图 7-2　智慧消防系统示意图

3. 智能抄表

日常生活中需要用到各种各样的表，如水表、电表、煤气表等。传统人工抄表面临入户难、强度大、周期长、手工结算方式效率低下、容易出现差错等问题，同时，人工成本逐年递增，能源供给企业无法有效控制运营成本。而智能抄表系统具备人工少、可实时远程监测表数据、数据精确度高等特点。

各个用户表与窄带物联网通信模块进行数据连接，数据将通过窄带物联网通信模块发送给云平台服务中心，云平台服务中心根据人们需要定时获取表内数据，对数据进行分析与统计，当用户电量余额低于一定值时，系统将发送提示信息提示用户及时缴费。当出现紧急情况时，可通过计算机对表进行断开或关闭，根据不同小区和用户的实际情况来配置各种表和窄带物联网，实现智能抄表系统的应用。

7.2.3 智慧建筑发展前景

目前中国智慧建筑处于快速成长阶段，随着中国城市化水平的提高，新建建筑的增长速度已经放缓，但智慧建筑的市场反而在加速增长，一个重要因素在于存量建筑的智慧化程度在持续提升，并有望在未来打造智慧建筑集群，实现建筑互通、万物互联的盛况。

我国智慧建筑的建设已形成遍地开花的总体建设格局，从建筑的类型划分，我国智慧建筑主要以商业建筑、办公建筑和住宅建筑为主。国内从事智慧建筑的小规模从业企业多，行业集中度相对较低，随着技术进步、竞争环境日趋激烈，行业将会出现一系列整合，行业集中度将会提高，而行业内规模较大的集成商也将会更多地在所处优势领域向整体解决方案综合服务商的方向发展。

新思界产业研究中心《2018—2022年中国智能建筑行业市场分析研究报告》显示，在我国智慧建筑中，华北占比最大，达到33.4%；其次是华东，占比为28.5%；华南的份额占比为20.4%，这三大地区经济较为发达，是我国主要智慧建筑的集中地，而在未来，智慧建筑、绿色建筑、装配式建筑都将成为建筑行业的主要发展方向。

7.3 智慧路灯

在经济社会发展过程中，城市公共照明已不再局限于道路功能照明，而是发展成为表现城市景观、体现城市形象和现代化水平的重要标志，城市公共照明设施规模日益增大，用电量节节攀升，社会各方对城市公共照明的要求和希望越来越高。理想中的现代化城市照明的监控和管理方式是精细化的，而不是现有的相对简单、粗放式的；服务质量与节能减排水平需要共同提高，而不是顾此失彼。这些需求都对城市照明的发展带来了重重挑战。

城市照明运行监控管理在经历了手动开关、分散式时控/光控、集中式远程监控三个阶段之后，开始向单灯层面延伸（监控管理到每一盏路灯），向智慧照明发展。近年来，众多城市都在努力打造绿色、智慧型新型城市架构和智慧型城市管理模式。城市路灯设施分布范围广、数量大、位置固定、可识别性强。在智慧城市建设中，充分利用路灯设施的资源优势，采用物联网、大数据、云计算、单灯控制等技术，基于窄带物联网技术的智慧照明成为智慧城市建设的重要组成部分。

1. 照明行业问题

近年来，城市照明取得了巨大的发展，但由于城市照明业务涉及城市公共服务、百姓民生、城市形象等多方面，城市照明一直存在管理问题、运营模式问题，传统管理方式中路灯主要依靠人工控制开关电闸的方式进行开灯和关灯操作，开关灯时间误差大、统一性差，日常运行维护工作量大，信息化管理缺失，难以应对突发事件特殊照明需求。

目前国内智慧照明领域基本采用PLC和GPRS技术实现城市照明的智能监控和单灯节能管理。数据传输局限性大、系统部署复杂、网络覆盖面临困境等问题，阻碍了智慧照明的广泛应用。

2. 智慧照明

窄带物联网应用在智慧照明解决方案中可以解决照明行业和传统智慧照明面临的普遍问题。针对照明行业普遍存在的痛点，窄带物联网智慧照明能够提升开关灯时间准确度，做到按时统一开关路灯，能够应对突发事件特殊照明需求，降低相关人员运行维护工作量；针对数据传输局限性问题，窄带物联网智慧照明数据传输不再受限于箱变或控制柜，可实现监控中心直接控制每一盏路灯，破解了电力线载波通信技术的信息传输局限性；针对部署问题，窄带物联网智慧照明部署简单快捷，无须额外组网，无须特殊布线，降低了后续的维修成本。同时，广域低功耗窄带物联网技术具备广覆盖、容量大的优势，可协助解决灯杆安装密集或分散、安装位置条件复杂等网络覆盖问题。

窄带物联网融合移动通信和互联网技术，整合移动通信随时、随地和互联网共享、开放、互动的优势，为城市智慧照明提供丰富的移动应用，真正实现随时随地移动办公，为城市照明管理人员及维护人员提供更大的工作便利。

3. 窄带物联网智慧照明优势

基于窄带物联网的智慧照明系统可根据时间、路段、场合等条件设定合理的单灯节能运行方案，在满足照明需求的前提下，实现智能调光和开关灯控制的节能运行方式，从而达到良好的节能效果。在全夜灯模式下，智能调光用电量可以大幅下降。单灯节能运行可减少路灯亮灯时间，延长路灯寿命，减少灯具更换频次。

窄带物联网智慧照明可实现科学管理，行业创新，实现城市照明运行管理精细化、智慧化，实时掌控照明设施运行状态，提升指挥调度和应急处置能力，保障城市科学照明需求，提高运维效率和服务质量。智慧照明系统利用灯杆构建实用、准确的城市位置系统，创建便民城市、宜居城市。智慧照明系统通过系统建设，使城市各道路、街巷的路灯合理地亮起来，保障行人和车辆夜晚活动安全，通过常态监测减少照明设施被盗、损坏等安全事故的发生，保障城市照明资产安全和运行安全。

4. 智慧照明发展

基于窄带物联网控制的路灯照明可以实现低碳节能和智能运维，结合相关光电感应等手段进一步优化，使得路灯能够根据外界变化智能调节，实现最大化节能。

同时，结合路灯灯杆在城市分布范围广、取电方便、有高度有支撑等特点，以灯杆为物理载体，可实现更多智慧城市的应用，形成多功能灯杆。多功能灯杆通过信息感知技术、数据通信传输技术、灯光控制技术、计算机处理技术，将采集到的数据和信息传输到“智慧照明软件系统平台”，作为管理后台，实现大数据交互环境下的智能照明、智慧交通、信息发布等智慧城市管理核心功能。窄带物联网智慧路灯系统如图 7-3 所示。

智慧路灯系统包括以下功能。

（1）根据光照传感器的实时数据，实现自动控制。

（2）通过空气质量传感器的数据，监测并显示空气质量，包括 PM10、PM2.5、温度、湿度等。

(3) 路灯内嵌 WiFi,可为行人提供免费的网络服务。

(4) 可进行安防监控和车辆监控,并与公安机关联网实现一键报警。

(5) 路灯配置充电桩可以给电动汽车提供充电服务。

图 7-3 智慧路灯系统

7.4 智慧停车

停车设备可以通过窄带物联网技术直接连网,地磁、地锁、充电桩、道闸可以把信息源源不断传输到网络平台。在智慧停车上的应用发挥了窄带物联网的巨大优势。

对于车主来说,基于窄带物联网智慧停车系统可以让车主在停车时,帮助车主完成停车相关的一切操作,如预先了解停车场空余车位状况,免取卡进场,车位引导,反向寻车,无感支付,等等,可以大大节省停车时间,提升车主体验,同时能为自己家里的固定车位进行月租缴费,车位共享。

此外,对于停车场的管理者来说,利用基于窄带物联网系统的智慧停车系统可以把单个停车场和单个车主的数据进行互联、互通,打破停车场的信息孤岛,将停车和智慧社区物业管理进行高效的结合。

将窄带物联网技术应用到停车或者其他工业场景前景可期。相比传统的蓝牙、WiFi等物联网技术，窄带物联网技术适合智慧停车低速率、低功耗、多终端物联网业务应用场景的通信，在物联网技术中优势明显。

7.5 智慧用电

2017年6月，工业和信息化部办公厅下发了《关于全面推进移动物联网(NB-IoT)建设发展》的通知，提到全面推进广覆盖、大连接、低功耗窄带物联网建设。很多以“智慧用电”新生的企业，积极响应国家政策，很快将窄带物联网技术成功应用于“智慧用电”中。

使用窄带物联网的“智慧用电”相对于使用3G/4G网络的“智慧用电”，有如下的优势：移动性良好，满足远程操控；深度覆盖，比GSM高20dB的覆盖增益，即使在地下停车场等信号差的区域也能利用物联网技术顺利传输数据；大量连接，支持10万的连接，是传统通信网络连接能力的100倍以上；更加安全，支持双向鉴权及空口加密，确保用户数据安全性；更加稳定，提供电信级的接入。

“智慧用电”接入窄带物联网网络，将在终端设备远程故障巡检方面实现大幅领先。传统模式下，设备出现故障后，涉及终端、网络、应用多个模块，定界时间长，成本高。窄带物联网的“智慧用电”技术可以一站式采集终端、网络、应用数据并进行关联分析，实现高效精准的故障定界。

7.6 智慧农业

农业自古以来就是国民经济的基础，市场前景广阔。传统农业生产技术落后，生产效率低下，农业生产受自然环境的影响较大，增产的主要手段就是加大劳动的投入。另外，传统农业所需水资源多，水资源短缺与需水量逐年增加之间矛盾日益加剧。为解决传统农业的高能耗、高污染、低效率等缺陷，智慧农业应运而生。智慧农业通过生产领域的智能化、经营领域的差异性及服务领域的全方位信息服务，推动农业产业改造升级，实现农业精细化、高效化与绿色化，保障农产品安全，提升农业竞争力，促进农业可持续发展。因此，智慧农业是农业现代化发展的必然趋势，需要从培育社会共识、突破关键技术和做好规划引领等方面入手，促进智慧农业发展。

7.6.1 智慧农业概述

人类社会经历了农业革命、工业革命,正在经历信息革命。农业自身发展经历了以矮秆品种为代表的第一次绿色革命、以动植物基因工程为核心的第二次绿色革命,随着现代信息技术的发展,农业的第三次革命——农业数字技术革命正在到来。现代信息技术为我国农业现代化发展提供了前所未有的新动能,信息技术与农业的深度融合,催生了数字农业、精准农业、智慧农业等以信息知识为核心要素的智慧农业。

智慧农业是指将物联网、人工智能等现代信息技术与传统农业相结合,实现信息化、精确化、农业的视觉诊断、远程控制和灾害预警等功能。智慧农业是农业信息化发展从数字化到网络化再到智能化的高级阶段。目前,我国智慧农业主要集中在农业种植和畜牧养殖两个方面,发展潜力巨大。

智慧农业技术架构层次可分为三层:感知层、网络层、应用层,主要信息技术包括信息感知技术、信息传输技术、信息处理技术等。感知层是智慧农业中的感知环节,利用信息感知技术采集传感器的数据,传感器包括用于农业生产环境、动植物生命及质量安全与追溯等的传感器。在种植业中,主要采集光照、温度、水分、肥力、气体等种植信息参数;在畜禽养殖业中,主要采集二氧化碳、氨气和二氧化硫等有害气体含量,以及空气尘埃、飞沫和温湿度等环境参数;水产养殖业主要收集溶解氧、酸碱度、氨氮、电导率及浊度等数据。网络层使用信息传输技术,将传感器的数据通过窄带物联网、ZigBee、WiFi、LoRa、RFID等无线通信技术传输到云平台,再利用大数据、云计算、人工智能等技术对数据进行分析处理,并产生决策指令,从而在应用层由控制设备进行自动化操作。应用层包括智慧种植、智慧家畜养殖、智慧水产养殖、农产品溯源、智慧粮食存储、农产品流通管理等典型应用,如图7-4所示。

7.6.2 智慧农业细分技术介绍

1. 农业种植

智慧农业种植根据不同植物品种对生长环境的不同要求,可以利用智能传感

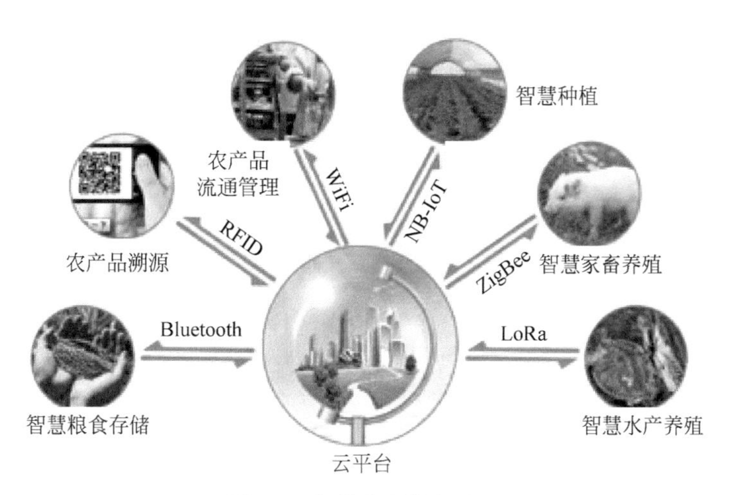

图 7-4 智慧农业的应用层

器、无线传感网络、大规模数据处理与智能控制等物联网技术，对温度、光照、土壤温湿度、土壤水分、空气二氧化碳含量、基质养分等环境参数做动态监测，并通过对风机、卷帘、内遮阴、湿帘、水肥灌溉等自动化设备的智能控制，使植物生长环境达到最佳状态。

在美国，农业种植物联网的网络体系架构已发展得较为健全，智能灌溉方面，借助感知技术对喷头附近的信息进行探测，包括地形、土质、土壤墒情等，通过无线通信将检测到的信息传输给服务器，实现灌溉的智能化，提高了灌溉的精准性，节约人力和水资源。农场经营方面，农业种植的应用使得施肥、病虫害、墒情等信息及农场经营管理信息可以随时查询，农场经营更为科学化、规范化。荷兰建立起温室农业高效生产体系，可对温度、湿度、光照等实现智能调节，实现智能化经营管理。盆花栽培实现自动化，通过农业物联网采集图像，对盆花生长综合打分，传送、打包等操作实现智能化，栽培效率得到大大提高。

2. 畜牧养殖

我国是一个畜牧大国，在实现畜牧业发展的过程中，面临着企业生产管理水平低、环境污染、行业数据资源分散等问题，阻碍了现代畜牧业的快速发展。近年来，智慧畜牧养殖针对畜牧业的发展现状，借助新一代物联网技术，面向各级畜牧监管部门提供养殖、防疫、检疫、屠宰、流通、分销、无害化处理、重大疫病预警等在线监管服务，实现畜牧业的资源整合、数据共享和业务协同；面向畜牧业养殖经营主体提供畜禽智能养殖和畜产品分销溯源等信息化管理系统服务。

畜牧养殖业务的主要应用有精细化养殖、动物产品分销追溯、畜牧生态环境监管等，适用对象为大规模畜禽养殖企业、养殖场、家庭农场等，精细化养殖通过部署无线传感器网络，实现对禽畜位置信息、健康信息的感测；使用窄带物联网技术构建农业物联网，实现对动物群体中个体进行跟踪、识别，建立禽畜生活习性特征、养殖场所信息数据库，实现实时监测、养殖环境调控；通过二维码和窄带物联网技术对动物产品信息进行记录、标识管理及畜产品溯源。畜牧生态环境监管借助物联网技术，能够远程监控养殖场的环境数据，对环境温度、空气质量、光照情况等进行采集和检测，并通过物联网管理平台或手机 App 对养殖环境报警进行及时处理。

7.6.3 搭建智慧农业系统

智慧农业系统的建设立足于物联网技术，以感知为前提，实现人与人、人与物、物与物全面互联的网络。在传统农业中，浇水、施肥、打药，全凭农民的经验，如今有了农业物联网，就可以通过控制系统，运用基于物联网系统的各种设备，感知层通过传感器检测环境中的温度、相对湿度、pH 值、光照强度、土壤养分、二氧化碳浓度等参数，网络层通过窄带物联网等通信技术将数据信息传输到智慧农业云平台，如图 7-5 所示，可实现智能温室、智能灌溉、精细化养殖和食品溯源等，用户根据传感器参数通过手机、PC 端及 RFID 手持终端等控制终端实现对农业生产的控制，确保农作物有一个良好、适宜的生长环境。

1. 智能灌溉

我国是淡水资源极其匮乏的国家，传统农业水资源浪费非常严重。在传统农业中，农民只是依据自身经验判断农作物是否需要灌溉，但是经验再丰富的农民判断也总是存在误差。为了解决水资源短缺、浇水困难、施肥困难等问题，可以采用窄带物联网技术，基于窄带物联网的智能灌溉系统如图 7-6 所示。智能灌溉系统由各类传感器、传输网络、控制系统及水泵等灌溉用具组成，通过各类传感器实时感知灌溉需求信息，通过窄带物联网无线通信方式传输至控制系统，经由控制系统处理后进行决策，发送指令控制水泵进行灌溉。

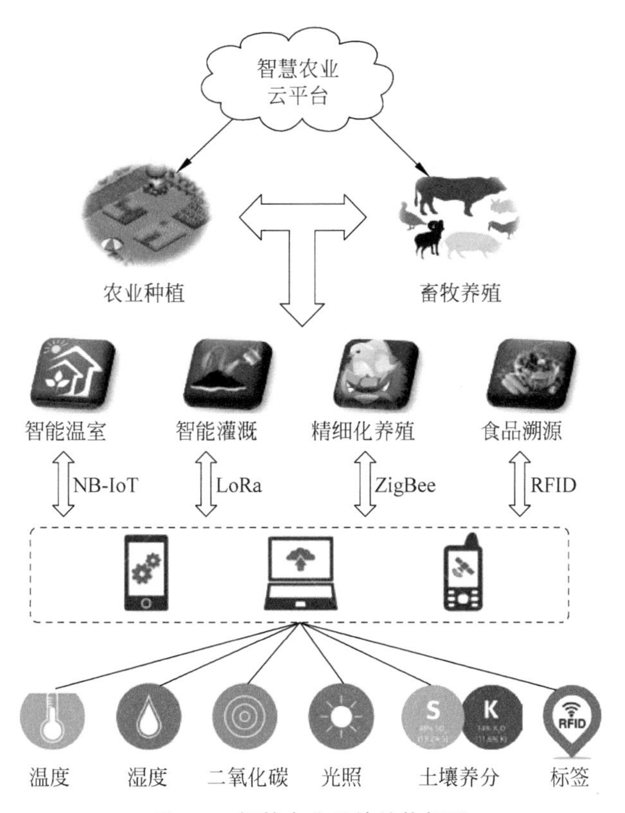

图 7-5　智慧农业系统结构框图

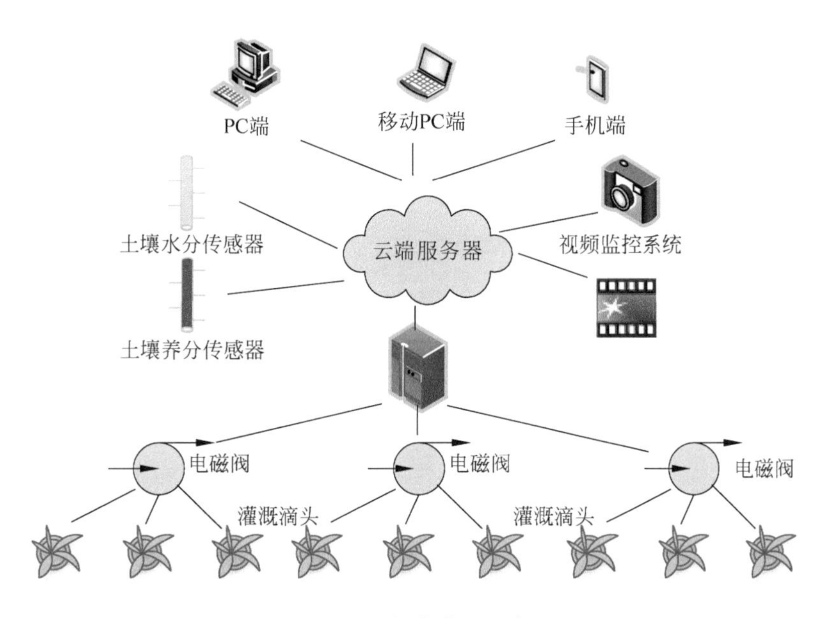

图 7-6　智能灌溉系统

土壤湿度传感器可以灵敏地检测到土壤的湿度值，土壤养分传感器可以检测到土壤的各项养分指标。窄带物联网与云平台连接，将传感器采集到的数据信息发送至云平台，云平台进行数据处理，通过对各项数据的实时分析进行决策，在农作物的土壤湿度及养分低于标准时，灌溉系统将自动浇水或者施肥，直到土壤湿度及养分达到标准。智能灌溉系统根据农田实际情况来配置整个灌溉系统，合理布置继电器、水泵、水管道、喷头等设备。

2. 智能温控

通过智能温控系统，人们可以通过手机或者 PC 端控制大棚的温度，从而实现恒温，不用怕受温度的影响而不敢种植跨季作物。基于传感器、窄带物联网、自动控制设备的智能温控系统如图 7-7 所示，系统可以对光照、温度、湿度等影响植物生长的重要参数进行实时智能化监测，并可以通过手机短信的方式通知农户。智能温控系统大大减少了人力物力的消耗，实现了现代化低能耗的农业生产，使农业生产变得更可靠、有效、科学和合理化。

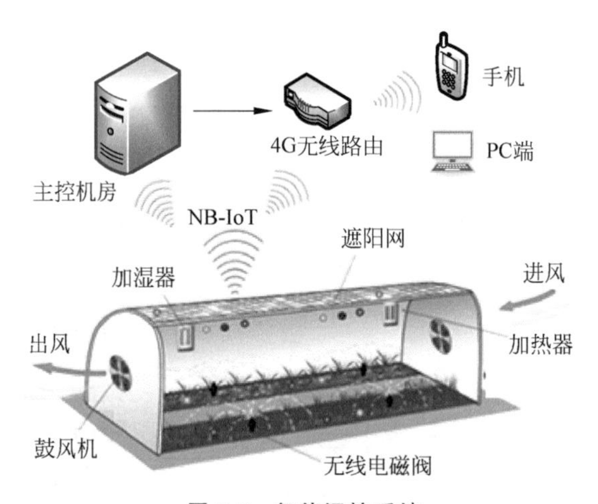

图 7-7　智能温控系统

智能系统包括窄带物联网模块、土壤温/湿度传感器、空气温/湿度传感器、光照传感器、二氧化碳浓度传感器等。各个传感器将采集到的数据通过窄带物联网通信系统传输到云平台存储并进行分析处理。智能系统可分为监测和控制两部分。

智能系统的监测功能如下。

(1) 温湿度监测：通过温湿度传感器监测温室大棚内外环境温湿度、土壤温湿度，并对数据进行采集。

(2) 光照度监测：通过光照传感器监测温室大棚内的光线强度，并可以直接与相关的补光系统、遮阳系统等设备相连，必要时自动打开相关设备。

(3) 二氧化碳浓度监测：在温室大棚内部署二氧化碳浓度传感器，实时监测二氧化碳的浓度，通过窄带物联网传输至用户监控终端。

(4) 分区域监测：同一个大棚内划分区域控制管理，可以实现每个种植区不同的温湿度、二氧化碳、光照等环境参数指标，用户可以分块进行单独控制和整体协调控制。

智能系统的控制功能如下。

(1) 报警控制：用户可以设置温湿度、二氧化碳浓度、光照强度等环境参数的阈值，当传感器监测的数据超过设定阈值范围时，系统报警，并发送给客户端通知用户。

(2) 设备控制：系统根据传感器采集到的环境参数信息自动控制加湿器、加热器、遮阳网、鼓风机等设备的开启和关闭，用户也可以通过客户端手动一键启停控制这些设备。

3. 精细化养殖

随着社会的进步，人们对家畜的需求量越来越大，这使得农牧场的压力也越来越大，所以尽早实现精细化养殖必然能够带来巨大的经济效益，通过精细化养殖技术，人们可以大大减少畜牧养殖业所需人力物力，提高养殖的效率。基于窄带物联网的家禽精细化养殖管理应用系统如图7-8所示，系统利用现代信息技术准确掌握家禽生育进程和生长动态，对家禽养殖的环境参数(空气温度、空气湿度等)和有害气体(氨气浓度、二氧化碳浓度等)实施监控，根据设定的阈值自动控制风机、灯光、除湿、天窗、加热等设备。

精细化养殖系统包括无线空气温/湿度传感器、无线二氧化碳传感器、无线光照传感器。窄带物联网与云平台相连，将数据传送给云平台后，平台服务器将各个参数进行数据处理并与标准参数相对比，从而对精细化养殖系统进行智能控制，如启动风机进行对大棚的通风来降低二氧化碳浓度。

图 7-8　精细化养殖系统

4. 食品溯源

食品安全的问题越来越受到人们的重视，提高食品安全度的重要方法之一就是实现食品溯源。通过食品溯源系统，消费者可以查出所购买的食品来自何方、产自何时、生产环境、加工环境、加工过程等信息，使消费者在购买时更加放心，也使得在生产者在生产或者加工食品时有一定的自我约束，在一定程度上解决了食品安全的问题。基于窄带物联网的食品溯源系统如图 7-9 所示。

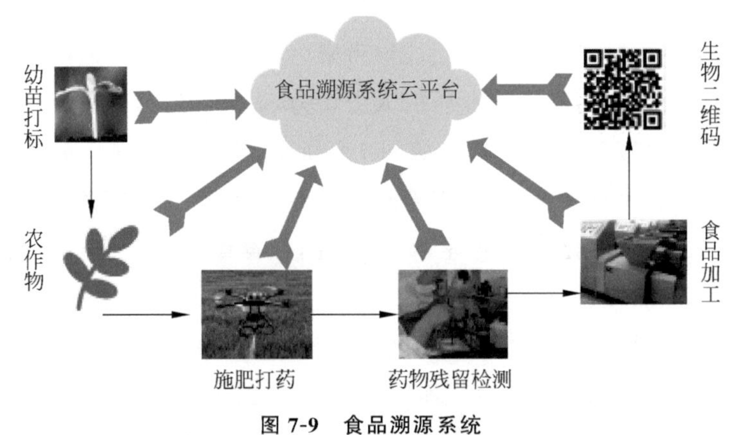

图 7-9　食品溯源系统

食品溯源系统功能如下。

(1) 消费者可以通过扫描二维码直接查看食品的生产日期、保质期、厂家及地址。

(2) 消费者可以通过扫描二维码查看食品原料的生长环境、施肥次数、农药种类、残留量等信息。

(3) 消费者可以通过扫描二维码查看食品的加工方式。

7.6.4 智慧农业发展前景

随着物联网、互联网等信息技术的发展，智慧农业正逐渐从科研基地试点阶段走进越来越多的民用企业参与阶段。智慧农业是农业发展进程中的必然趋势。为支持智慧农业概念落地，我国先后在多个现代农业政策中提及智慧农业的推广，在国家乡村振兴战略推动下，阿里巴巴、京东、百度等巨头纷纷布局智慧农业，为推动我国智慧农业建设做出努力。2018年，阿里巴巴在云栖大会上推出阿里云ET农业大脑，主打农业资料数据化、农产品生命周期管理、智慧农事系统和全链路溯源管理，预计ET农业大脑可以帮助果农每亩地节省200元以上成本；阿里巴巴用ET农业大脑AI养猪，检测小猪跑步的路径、时间和频率，只有跑满200千米以上，才是一只合格的出栏小猪；阿里云技术可以帮助农户实现精准种植，成熟的区块链技术也能实现产业链全程可视化溯源。京东以无人机农林植保服务为切入点，搭建智慧农业共同体，做全产业链上的智慧农业。百度在农业的布局则是侧重和农业企业进行合作，在设备端安装智能边缘平台；百度云与中化农业也合力构建智能化农业生产过程管理平台，助力农企智能化转型。

智慧农业未来发展主要集中在以下三方面。

(1) 以农业环境信息采集、农作物监测为代表的智慧生产。

(2) 农产品销售渠道拓展、质量安全与追溯等相关的智慧经营。

(3) 结合云计算、大数据等新技术实现远程测控的智慧服务。